# 为什么我们想回家，但又不愿久留？

## 家庭关系的维护、修复或结束

〔美〕内德拉·格洛佛·塔瓦布 著
薛玮 译

中信出版集团 | 北京

图书在版编目（CIP）数据

为什么我们想回家，但又不愿久留？/（美）内德拉·格洛佛·塔瓦布著；薛玮译 . -- 北京：中信出版社，2024.1
书名原文：Drama Free:A Guide to Managing Unhealthy Family Relationships
ISBN 978-7-5217-6109-2

Ⅰ.①为⋯ Ⅱ.①内⋯②薛⋯ Ⅲ.①心理学－通俗读物 Ⅳ.① B84-49

中国国家版本馆 CIP 数据核字（2023）第 208352 号

Drama Free: A Guide to Managing Unhealthy Family Relationships by Nedra Glover Tawwab
Copyright © 2023 by Nedra Glover Tawwab
Published in agreement with HODGMAN Literary LLC, through The Grayhawk Agency Ltd.
Simplified Chinese translation copyright © 2023 by CITIC Press Corporation
ALL RIGHTS RESERVED

## 为什么我们想回家，但又不愿久留？

著者：[美]内德拉·格洛佛·塔瓦布
译者：薛玮
出版发行：中信出版集团股份有限公司
（北京市朝阳区东三环北路 27 号嘉铭中心　邮编　100020）
承印者：北京通州皇家印刷厂

开本：880mm×1230mm 1/32　　印张：9.25　　字数：205 千字
版次：2024 年 1 月第 1 版　　　　印次：2024 年 1 月第 1 次印刷
京权图字：01-2023-5337　　　　　书号：ISBN 978-7-5217-6109-2
定价：59.00 元

版权所有·侵权必究
如有印刷、装订问题，本公司负责调换。
服务热线：400-600-8099
投稿邮箱：author@citicpub.com

如果你正在学习处理或结束不健康的家庭关系，
你要在自己身上寻找答案，
因为你永远无法改变他人。

# 目录

前　言　　　　　　　　　　　　　　　　　　　　　001

## 第一部分　摆脱有毒家庭　　　　　　　　　　　009

第一章　有毒家庭的表现　　　　　　　　　　　　011

第二章　越界、依赖共生和互相纠缠　　　　　　　029

第三章　成瘾、忽视与虐待　　　　　　　　　　　043

第四章　循环重演　　　　　　　　　　　　　　　061

第五章　代际创伤　　　　　　　　　　　　　　　077

## 第二部分　疗　愈　　　　　　　　　　　　　　089

第六章　拒绝机能不全的家庭模式　　　　　　　　091

第七章　茁壮成长与挣扎求存　　　　　　　　　　109

第八章　如何与不愿改变的人搞好关系　　　　　　123

第九章　别人不愿意改变时该如何结束关系　　　　136

第十章　在家庭之外寻求支持　　　　　　　　　　159

## 第三部分　成　长     *169*

   第十一章　如何处理与父母的关系     *171*

   第十二章　如何处理与兄弟姐妹的关系     *191*

   第十三章　如何处理与子女的关系     *212*

   第十四章　如何处理与大家庭的关系     *236*

   第十五章　如何处理与伴侣家人的关系     *247*

   第十六章　如何处理与重组家庭的关系     *266*

   第十七章　翻开人生新篇章     *277*

## 常见问题     *282*
## 致　谢     *287*

# 前　言

　　人际关系是影响心理健康最重要的因素之一，它既能让你感到痛苦，也能治愈你的心灵。人际关系会对你的心理健康、情绪健康产生积极或消极的影响。长期以来，心理学家一直支持这样一种观点，即健康的人际关系可以延年益寿，而不健康的人际关系则会增加患癌症、心脏病、抑郁症、焦虑症和成瘾的概率。因此，我们必须重视人际关系，并尽可能地加强与他人的联系。虽然所有类型的人际关系都是如此，但对我们的成长影响最大的是我们与原生家庭的关系。

　　我的处女作《界限》旨在帮助人们了解在人际关系中设定界限的重要性。即使你无法改变对方，健康的界限也能让你的心情平静下来，帮助你应对与人相处的过程中遇到的困难和矛盾。虽然本书的重点不是界限，但我还是要强调，设定界限是与家人保持健康关系的重要方法。

人们在接受心理治疗时，最想与治疗师讨论的问题就是家庭关系。从治疗师的角度来看，婚姻、友谊和其他关系中的许多问题都源自原生家庭。有些人可能会不以为然："不是吧，怎么什么都能扯到原生家庭？"但很多时候确实如此。

在心理治疗过程中，我经常会问来访者："第一个让你产生这种感受的人是谁？"答案通常会追溯到原生家庭。人们与原生家庭的相处方式通常就是他们与世界相处的方式。

说到不健康的人际关系，最常见的类型就是不健康的家庭关系。如果你想知道为什么，我可以直言不讳地告诉你答案：因为每个人都是在原生家庭中成长的（这种成长包括身体上的和心理上的），而且与家人相处的时间非常之久。在很长一段时间里，家人就是我们最重要的老师。如果你与家人的观点、习惯或生活方式迥异，那会发生什么呢？你们会彼此怨恨，关系紧张。

在你的童年时期，你很可能不被允许做自己，所以等到成年后，你会变得更加真实。你应该弄清楚自己是谁，而不是听从别人的指挥，任由别人塑造你。如果这会导致你与家人的摩擦，不用担心，在本书中，我会告诉你，与家人相处时如何做你自己。

有些人会说,"我的童年对现在的我完全没有影响"。并非如此。你不能只看到童年让你养成了哪些好的行为习惯,却忽视童年给你带来的那些不好的行为习惯。旧习难改,除非你有意识地去改变。每个家庭都有特定的倾向,我们逐渐受其影响,最终形成思维定式。例如,我发现在单亲家庭中长大的人往往很难理解双亲家庭的亲子关系。等到他们有了自己的孩子,有伴侣和他们一起养育孩子时,他们很难理解和接受另一个人参与养育。

当然,谁都不可能拥有"完美"的童年。有些人的童年表面上看起来很完美,但我们并不知道关起门来的家中真正发生了什么。对于某些人来说,最复杂的关系就是家庭关系。他们告诉我,他们最想改变或改善的是与父母、兄弟姐妹或家族中其他亲戚(例如祖父母、外祖父母、姑姑、姨妈、舅舅、叔叔等)的关系。另一个主要的痛点是我们与重组家庭成员的关系,比如我们得学习如何与已经成年的孩子相处。此外,家庭关系还为我们处理外部关系(包括朋友关系和恋爱关系)定下了基调。

每当我就如何与人相处给出建议时,人们经常会问我的建议是否适用于家庭——当然适用。我知道,我们很难把与其他人相处的方法和技巧应用到家庭关系中。事关家人的时候,我们总是会打破原则,但我们不该犯这样的错误。无论对方是谁,你都不能允许他虐待你。

这本书并不是要让你把你人生的不如意统统归咎于他人。它是本工具书,能帮助你掌握必要的技能,让你在"机能不全家庭"(dysfunctional family)①中重新找回自己的声音。直面你在家庭中曾经目睹、经历的事件也许会让你感到害怕,有时回避或淡化家庭问题是让一个家庭维持常态的方法。人们常常不愿意坦诚地说出自己的家庭经历,因为他们不想开启有挑战性的对话,害怕自己产生离开家人的想法。但与家人切断联系只是众多选择中的一种,你也可以选择开诚布公地进行有意义的对话——它能带来积极的改变。

我将告诉你如何更好地处理机能不全的家庭关系以及在家庭关系变得失控时如何切断联系。你不必容忍家人的有毒行为,同时也不必疏远家人。这取决于你的心胸和雅量以及伤害行为的严重程度。机能不全指的不仅仅是虐待或忽视,它还包括家人之间非正常的隐私刺探、不健康的亲子关系等等,它还总让你产生自己是不肖子女的感觉。

我会针对一些常见问题提供实用的办法,简明扼要地分析复杂的主题,并帮助你回答两个根本问题:

---

① 机能不全家庭是指持续并经常存在冲突、不端行为或发生针对家庭中部分成员的虐待(包括生理、心理和性的虐待等)事件,而其他家庭成员对此采取容忍态度的家庭,也就是我们常说的有毒家庭。——编者注

- 当你的家庭存在潜在问题时,你如何才能维护好与家人的关系?
- 当你不想再与家人维持关系时,你该如何与他们切断联系?

请在手边放一个记事本或打开记笔记的软件,因为在阅读过程中,反思、消化并将本书中的经验应用到你的生活中会大有裨益。写下来也是一种宣泄,可以帮助你更深入地梳理思绪。

在**本书的第一部分"摆脱有毒家庭"**中,我将解释什么是机能不全,并说明典型的机能不全状态有哪些,包括创伤、侵犯界限、依赖共生(codependency)关系、过度干涉和成瘾。我们将探讨为什么人们会一次次陷入混乱并不断延续不健康的模式以及代际创伤的影响。

在**第二部分"疗愈"**中,我会深入讲讲当你想要打破代际循环时的两个选择:或者学习管理那些不会改变的关系,或者结束那些不会改变的关系。这部分将为你提供健康成长和在家庭之外寻找支持体系的指导。

**第三部分"成长"**将帮助你解决不同类型的家庭关系问题:与父母、兄弟姐妹、大家庭成员、成年子女、伴侣的家人、重组家庭成员的关系问题。

在阅读本书时，如果你发现故事中的某些内容让你感到不适，最好去寻求心理治疗。如此强烈的反应说明你心中更深层的东西被唤醒，心理治疗可以帮助你探究这些反应——如失眠、过去的创伤经历挥之不去、思绪万千或感到过于沉重的悲伤——的原因。心理治疗是一个给予支持的过程，可以帮助你解决本书中提到的问题，尤其是当你感觉手足无措时。本书是能够起到辅助作用的实用工具书，但不能代替你与心理治疗师的互动。如果你有不适的感受，或者产生负面的情绪反应，一定要在需要的时候暂停一下，等你觉得你能更好地消化这些内容时再打开这本书。

在每章开头我都会用一个小故事导入正题，这些故事大多是以我接待的来访者或我的Instagram（照片墙）社群成员为原型。接着，我会给大家介绍临床概念，给一些示范对话，最后以反思性问题的练习结束，这样能帮助你把书中的内容应用到现实生活中。在本书中，"父母"一词既指亲生父母，也可以指主要照顾者或养父母。为保护来访者的隐私，本书中的人物姓名和细节均有改动。许多故事都是在我个人经历、来访者经历的基础上重新整合、编排的。

文化会影响我们对家庭的看法，在某些文化中，公开反对不健康的家庭模式或者谋求改变，都与其文化价值观相悖。我认为，成年人可以在家庭关系中保留真实的自我，可以改变家庭中现有文化的某些方面——比如不提前告知就登门，或者在你开心分享的时候给你泼一盆冷水。你有能力创造自己的生活，同时允许家人保持他们的文化。你不是在冒犯别人，你只是在努力创造一种符合自己愿望的生活。

　　对我们影响最大的是与家人的关系。就算伤口很深，我们对家人仍然抱有期望。无论你是准备断亲，还是仅仅想解决一些冲突，我都希望通过这本书让你知道，有很多人与你有同样的烦恼，你有权决定在和他人的关系中想要什么。你可以选择如何生活，并相信自己有能力做出艰难但正确的决定。我知道你能做到，因为我亲眼见证了许多人（包括我自己）凭借自己的力量打造出健康的人际关系。

第一部分

# 摆脱
# 有毒家庭

第一章

# 有毒家庭的表现

卡门在双亲家庭中长大，家里有三个孩子。父亲布鲁斯白天上班，晚上回家后经常喝得醉醺醺的，冲一家人撒酒疯。母亲阿普丽尔大部分时间都把自己关在房间里，不跟孩子交流。阿普丽尔也挺能喝，但比布鲁斯稍微好些。

每次父母吵架，孩子们就把电视音量调大，遮盖住父母的声音。卡门经常出门找朋友玩，她不想待在家里。去了别人家她才知道，原来天底下的父母并不都是酗酒、吵架、对孩子不管不问的。

卡门长大后学会了找亲戚帮忙。想去找朋友玩时，她会给奶奶打电话，让奶奶开车来接她。她可不敢找父母接送——他们喝醉酒开车容易出事。要是学校要求买衣服，她就给姨妈打电话，姨妈很乐意带她去逛街。但卡门心里的苦楚却不知道该跟谁说。卡门的朋友跟父母都没矛盾，亲戚们也只是想办法补偿她，但从不跟她谈她父母的问题。

卡门觉得很孤独、很丢人。她一直觉得是自己有问题，因为没有人指责过她父母的行为。家里的另外两个孩子都已经习惯了这样的父母，亲戚们也经常说："毕竟他们是你的父母，不管怎样，你都得爱他们啊。"卡门爱她的父母，但他们的行为让她备受煎熬，这样的困扰一直持续到她成年。

大部分时间里，卡门都忍气吞声，因为一旦她开始表达自己的意见，家人就指责她，说她很过分、太刻薄，让她感到非常内疚。卡门希望有人能理解她遇到的问题，认可她的感受，告诉她不想在这样的家庭里生活很正常。

**什么是有毒家庭？**

卡门酗酒的父母不仅在情感上忽视她，还会出言辱骂她。在有毒家庭中，虐待、争吵和情感忽视是常态，但家庭成员只有在接触到健康的家庭后才知道自己家是有问题的。而且，即使她进入了更健康的人际关系，也很难摆脱机能不全模式的影响。

如果在有毒家庭长大，你会认为下面的情况很正常：

- 原谅并忘记（行为上也没有任何改变）
- 像什么都没发生过一样生活
- 刻意掩盖别人的问题
- 否认问题的存在
- 有些事本应该说出来却守口如瓶
- 假装自己很好，一切正常
- 从不表露情感
- 与对你有害无益的人做朋友
- 通过攻击行为得到你想要的

## 童年不良经历[①]（Adverse Childhood Experiences，简称ACE）问卷

童年不良经历问卷通常被用来衡量童年创伤的严重程度。该问卷覆盖以下方面：

- 目睹暴力
- 性虐待
- 家庭成员药物成瘾

---

① 童年不良经历是指发生在儿童时期（18岁以前）的潜在创伤事件，包括经历：暴力、忽视或虐待；家庭和人际关系问题；母亲抑郁；严厉、挑剔、限制性的养育方式；学校/同伴羞辱，学业失败；分居、重伤、亲人死亡；歧视，被排除在群体之外等。——编者注

- 身体虐待
- 言语虐待
- 遗弃
- 父亲或母亲有精神疾病
- 父亲或母亲被监禁

童年创伤会影响我们处理和表达情绪的能力，并增加我们采用消极的情绪调节策略（如压抑情绪）的可能性。特别是遭受暴力的儿童，他们很难区分威胁和安全提示。

众所周知，虐待和忽视是机能不全的家庭关系的两个表现。但家庭关系也受到其他因素的影响。童年创伤的评分范围是从0分到10分，但即使只是3分，也会对人产生重大影响。而且，童年不良经历问卷还没有包括财务不稳定、多次搬家或代际创伤等因素，这些因素同样会影响心理健康。当然，童年不良经历问卷的得分（我的是7分）或童年的创伤并不能决定你的未来。

童年的创伤会延续到成年，这是因为一旦创伤被激活，恶性循环就会持续下去。有过无家可归经历的儿童往往ACE得分较高，成年后无家可归的概率也较高。

**会造成童年创伤的其他原因**

> - 父母以自我为中心
> - 父母心理不成熟
> - 父母专横
> - 家庭关系错综复杂
> - 家庭关系充满竞争
> - 需要子女反过来照顾父母

（在第二章与第三章，我会深入探讨这些概念。）

引人入胜的纪录片《巴拉克的男孩们》(*The Boys of Baraka*)记录了马里兰州巴尔的摩市的一项革命性的教育实验。20名曾经在家里遭受过伤害的男孩被送到肯尼亚乡村的一所寄宿学校，在那里，他们要改变原来的状态和形象，融入当地人的文化。这些孩子在学业、情感、社交方面都有所改善，但因为实验后续资金跟不上，他们只好又回到了原来的家庭。他们的家庭环境没有任何改变，在这样高危的环境中长大，很多孩子将来可能会走上犯罪道路，可能吸毒、入狱，重复有害的循环。他们本可以健康茁壮地成长，但生活环境限制了他们的发展，他们又回到熟悉的模式，未来一片渺茫。

不过，如果我们掌握正确的方法，就可以治愈童年创伤和家庭创伤。

## 环境

你在什么样的环境长大、和谁一起长大以及你在家庭中经历的事会影响你的一生。创伤会对你的身体、心理、人际关系、财务状况、情绪和精神健康产生长期影响。人生的前18年对每个人来说都至关重要。在奥普拉·温弗瑞与医学博士布鲁斯·D.佩里合著的《你经历了什么？——关于创伤、疗愈和复原力的对话》一书中，奥普拉分享了她的童年创伤故事以及这些经历如何塑造了她。在奥普拉小时候，稍有过失，母亲就会殴打她，童年时受到的虐待让她长大后形成了讨好型人格，直到很多年以后，她才意识到，自己成年后的这些行为原来都与儿时的经历有关。

### 你会从家庭中继承什么

- 金钱管理技能
- 沟通能力
- 情感依恋方式
- 价值观
- 对待子女的方式
- 对待自己心理健康/问题的方式

心理治疗师能从你的童年经历中了解到成年后的你为什么会有现在的问题。我经常会问来访者："你第一次有那种感受是什么时候？""第一个让你产生那种感受的人是谁？"大多数来访者都会追溯到童年。我们在最软弱无助的时候却要背负沉重的压力，以为未来的人生会一直如此，幸而长大成人给了我们改变信念的机会。

> 长大成人给了我们改变信念的机会。

## 复原力（resilience）

在心理学中，复原力是指坦然接受过去发生的一切的能力。有了保护性因素（protective factor），我们就能克服环境的负面影响。保护性因素包括：

- 与让你有安全感的成年人建立牢固的联系
- 父母的积极影响
- 坚定的价值观或目标感
- 自我调节能力、积极的人生态度、随机应变能力
- 健康的人际关系
- 同伴和老师的支持
- 经常参加社会活动，增进健康的人际关系

人是环境的产物，但我们是有机会摆脱出身、寻求改变的。

我在密歇根州底特律市长大，读的是公立学校，不熟悉我的人都以为我是在双亲家庭中长大，认为我的童年没有受过任何创伤，但事实并非如此。在我的成长过程中，我努力去创建健康的人际关系，我希望长大后能拥有不一样的人生。

## 诚实地面对童年（至少对自己要诚实）

诚实不是背叛，而是怀有勇气。不要再粉饰你的经历，让真相帮助你卸掉重负。人们经常粉饰自己的关系和经历，因为他们不敢承认真相，但否认会让人无法摆脱过去。

**你难以接受的家庭成员的做法**

- 他们自私自利，为了得到自己想要的可以不择手段
- 他们不是好的倾听者
- 他们会改变，但只是暂时的
- 他们常常没来由地对你恶语相向
- 他们只想索取，不愿意付出

## 为什么我们不愿意谈及家庭问题

### 认为有家庭问题说明我们自身有问题

你的经历并不能代表你。童年发生的事往往是你无法掌控的,你没有义务和责任去改变环境。你的经历塑造了你,但成年后的你有权选择是成为过去经历的产物,还是将过去放下,开启不一样的生活。

> 你的经历并不能代表你。

### 感到难堪、羞耻

与跟你有相似经历的人聊一聊,你的感觉会好一些。与他们交流的唯一原则就是要诚实。你要勇敢地说出真相。隐瞒真相会让你觉得羞耻,而说出真相则会让你如释重负,摆脱羞耻感。保护隐私不同于保守秘密,你可以只分享不让你感到特别难受的那部分,也可以和盘托出。你可以把隐私透露给你想透露的人。有时你不想说出来是为了保护伤害过你的人。你不想让自己难堪,也不愿意让别人难堪。

### 试图回避问题

回避严重的家庭问题只会让不健康模式"愈合"得更慢。如果你认为那些事"从未发生过",那你怎么可能得到疗愈呢?回避问题,有害的行为就会继续存在,因为你和家人都不愿意面对这个需要打破的恶性循环。

> 回避严重的家庭问题只会让不健康模式"愈合"得更慢。

**认为没人能理解你**

很多人,包括名人和你的老师、朋友、同事等等也许都经历过和你类似的家庭困境。让自己处于孤立状态,就更不能找到理解你的人。适时暴露你的脆弱,你才能找到和你一样的群体。有时你需要说出你的故事,才能找到"同病相怜"的人。

**惧怕别人的评判**

有些人不会理解你的经历,就像你也不可能总理解别人的经历一样。要学会接受不被部分人理解,这会使你的生活更轻松。在意别人的想法很正常,但过于在意会妨碍你做出积极的改变。

**害怕揭开旧伤**

《拖家带口》(*Married ...with Children*)是我最喜欢的情景喜剧之一。主人公爱尔·邦迪是个牢骚满腹的鞋店售货员,他最辉煌的岁月是高中时期。他和妻子佩格有两个孩子,巴德和凯莉。

孩子们每天在家看着父母互相指责，还常常被单独留在家里，没有东西吃。我记得有一集讲的是两个孩子饿极了去厨房找吃的，他们在冰箱后面找到一块陈年巧克力，兴奋极了。《拖家带口》是部喜剧，剧里面一家人的互动方式非常搞笑。但现在回头想想，我才发现这部电视剧关注的是父母对孩子的忽视、言语虐待以及不健康的亲子关系等问题，但我小时候对这些并没有概念。

举这个例子是想告诉大家，如果我们看不出问题所在，就会一直待在不健康的环境中。我们会觉得周围的人都跟我们一样，这都是很正常的，也不可避免。想要更好地理解你的经历，你必须学着从不同的角度看问题。

**改变永远都不会太晚**

只要还活着就不算晚，你就还有机会改变你的视角和行为。人们普遍认为，一个人年龄越大就越难改变，事实并非如此！只要你乐意接受更多信息，你就有能力改变。现在，你翻开了这本书，这已经说明你愿意探索并学习新知识。

有时，问题是很明显的，但因为你受到的价值观和信仰的教育，你需要过一段时间才能看清楚你的家庭问题的本质。你可以像卡门一样，先从观察他人开始，看看你的家庭与别人家有什么不同之处。

我小时候做完作业会看《奥普拉脱口秀》，节目内容涉及虐待、情感忽视等各种社会敏感话题。我从中学到了很多新词，用来形容生活中的一些常见现象。

重新激活你大脑的神经通路永远都不晚，因为你总在学习新的东西，吸收新的观念。在本书中，我会教你如何改变自己，从而改变你的生活和人际关系。你是关系中最重要的组成部分，即使你无法改变对方，你的观念、行为和期望也能够改善一段关系。

在这本书中，我会反复强调一个观念：你无法改变别人。我最想拥有的超能力就是改变他人的能力，但我们都不具备这种力量。尽管如此，当我们的人际关系出现问题时，我们最常想到的解决方案就是改变他人。希望你在读完本书后能够意识到：改变你自己，足矣。

📖 改变你自己，足矣。

## 从零开始

在电影《小美人鱼》中有这么一幕：爱丽儿把叉子当梳子用，因为她从没见过梳子，也就没有对比参照。如果你的参照物是不健康的，那么想要形成更健康的模式往往需要从零开始。很多父母发现，改善亲子关系非常艰难。有时他们会因为孩子的无理取闹和不合理要求而心烦意乱，也会克制不住自己，对孩子表现出不耐烦，这都是很正常的。在学习育儿的过程中，过去的经历会让你感到难过甚至愤怒，别怕，继续向前走，我不是让你"摆脱"过去，我强调的是，向前走。

也许有时回顾过去会让你情绪低落，记得不要沉浸其中。你不能改变过去，也无法回到过去。你应该花更多精力去做出积极的改变，这些改变会影响你的现在和未来。

### 🔖 回顾过去，但不要沉浸其中。

**我们只想按熟悉的模式做事，不愿接受新事物**

当一个人没准备好或者不愿意改变时，他通常会说："这就是本来的我。"但我们始终可以选择改变，首要的关键是觉察，然后愿意迈出改变的第一步，绝不能让自己重复同样的错误。

我们成年后与人相处的模式，大多是下意识地沿用原生家庭成员间的相处方式，很少有人是通过科学数据搞清楚哪种相处方法更合适的。总的来说，你看到别人怎么做，你就会怎么做。模仿是个体学习与周围世界打交道的方式。如果你经常看到父母吵架，那么吵架就会成为你在与人相处时的常用策略。

相反，也有人会刻意避免冲突，因为他们不知道冲突发生时还可以用什么其他方式进行回应。很多人对我说过："我讨厌冲突，因为我是看着父母互相贬低长大的。"父母给他们做了不好的示范，让他们以为只要意见不合，双方就应该大喊大叫、恶语相向。

**你有选择的权利**

在你未成年时，照顾者可能控制着你与家人、朋友、同事和其他人的关系。一旦成年（能离开父母独立生活，年龄在18至23岁），你就可以决定自己与他人的关系，选择跟谁在一起。即使有人反对你与某人来往，他们也只能给你提些意见。你只需要克服反对意见带来的不适就够了，想与谁交往，是你的自由，与他人无关。绝不能让其他人越俎代庖，替你处理人际关系。

童年时你不曾有过的意识，现在可以试着自己培养建立起来。你可以选择不同的回应方式，可以做你自己。作为一个真正独立的人，你有权利选择展示你真实的一面。

**童年问题如何影响成年后的人际关系**

家庭关系会决定你在其他关系中的表现方式，并且会带来以下问题：

◆ **焦虑**

如果你经常对其他家庭成员的行为感到焦虑，那么你也会对其他人的行为感到焦虑。

- **冒充者综合征（imposter syndrome）**[1]

假如曾有人告诉你或暗示你，你不够好，那么无论走到哪里，你都会觉得"我不配"。

- **难以说出自己的需求和感受**

如果曾经有人因为你说出了你的需求、表达出你的感受而嘲笑、否定或惩罚你，那么你会习惯性认为其他人也会这样对待你。

- **自我破坏（self-sabotage）**

如果你一直处于机能不全的循环中，你会有种不配得感，会不自觉地否定、贬损自己，从而无法拥有美好的事物或健康的人际关系。

---

[1] 冒充者综合征是指一个人强烈地感受到自己不配拥有当下的身份与成就，并担心自己实则是个"骗子"或"冒充者"，随时都可能被他人曝光。这一名词最初由临床心理学家波林·克兰西（Pauline Clance）和苏珊娜·艾姆斯（Suzanne Imes）在1978年共同提出。她们通过采访150名优秀的职业女性发现，即使这些女性都拥有着极强的工作能力与卓越的职业成就，周遭同事也对她们的专业能力极其认可，她们依旧缺乏对自身工作能力的信心，将自己取得的职业成就解读为只是运气好，从而淡化她们在工作中付出的努力，认为自己不配拥有这些荣誉，仿佛是个"冒牌货"。——编者注

◆ **不信任**

如果本应无条件爱你的人辜负了你的信任，你可能就很难相信其他人会爱你、照顾你、关心你。

◆ **不敢承诺**

逃避是人们用来保护自己的策略。如果你曾经历过不健康的家庭关系，那么你会害怕与他人建立关系、培养关系。

## 人际关系对心理健康的影响

心理问题有一定的传染性，也会给人带来压力。如果你在一个充满抑郁氛围的家庭中长大，你很可能也会抑郁。这不一定是基因的作用，而是耳濡目染的结果。抑郁的父母养育孩子的方式与普通父母存在差异，这会影响孩子的身心发展，并让孩子形成与父母相同的特征。

焦虑也是如此。许多成年人焦虑是因为儿时目睹了父母的焦虑，在成长过程中受到了他们的影响。一个人看到什么就会学什么、做什么。孩子非常善于解读成年人的情绪线索。我听到有成年人说过："一看我爸脱外套的样子，我就知道他喝醉了。"孩子是凭直觉感受家庭气氛的。

但如果你觉得你必须凭直觉解读别人的情绪，你会很有压力，因为你时刻都需要提高警惕。当你长大后，读取情感线索的行为就可能是不信任他人，总想保护别人，或者戒备心重，害怕受伤。

**不信任他人**

　　缺乏信任的人际关系是不健康的。健康关系的一个必备因素就是相信对方会履行对你的承诺。学会信任的唯一方法就是允许另一个人进入你的世界，希望他不会辜负你的期望。当你的主要照顾者辜负了你的信任时，你会不敢相信别人会支持你，但我保证，你能学会信任。首先，你要学着相信自己有能力选择和对你有益的人相处。

**戒备心重，害怕受伤**

　　人都要保护自己，这可以理解，但你无法保护自己免受失望带来的伤害。你只能尝试着预测哪些人会让你失望，并尽力避免让自己失望。我们是应该掌控局面，但在一段健康的关系中，不会有人存心要利用你，因此，你可以选择和对你有益的人交往，逐渐放下你的戒备心。

**总想保护别人**

　　总担心别人似乎是在保护他们，但这对你来说是一种压力，而且对别人也没什么帮助。要是一个人不自爱，你再担心也没用。你不可能在时刻关注别人的同时还能过好自己的生活。

> **练习**
>
> **拿出日记本或纸，回答下列提示性问题：**
> 1.如果你是在有毒家庭中长大的，你把哪些思维模式、行为模式带到了成年后的人际关系中？
> 2.你是否曾感到无力改变家庭成员？
> 3.你觉得和谁谈论你的成长经历会让你感到自在？为什么是他/她？

第二章

## 越界、依赖共生和互相纠缠

这对双胞胎姐妹已经32岁了，但大家依然觉得，她们像是一个人，就连她们自己也很难分清楚某些想法究竟是谁的。妹妹布莱恩娜就要结婚了，她的未婚夫托马斯抱怨说，他觉得自己只能排在她姐姐切尔西之后。无论做什么决定，布莱恩娜都会先和切尔西商量，托马斯很担心他们的婚姻中会一直有她姐姐的影子。

虽然切尔西只比布莱恩娜早出生五分钟，但她从小就把自己当成老大，她认为最重要的事就是照看好妹妹。有时，布莱恩娜也会埋怨切尔西管得太宽了，但她最后总能理解姐姐的苦心。切尔西挺喜欢这个未来妹夫，但她发现，妹妹自从和托马斯订婚后，就跟她疏远了。以前她们每天要打两通电话，发好多信息，周四晚上雷打不动地见面,现在变成了一天打一次甚至隔天打一次电话,偶尔发发信息,周四的姐妹聚会也变成了恋人约会。切尔西能感觉到这种变化,而布莱恩娜似乎比以往任何时候都更快乐。

切尔西质问妹妹,为什么她们之间越来越疏远,这一次布莱恩娜没有对姐姐唯唯诺诺,这也是她第一次这样做。切尔西指责托马斯控制欲太强,说他想破坏她们姐妹的关系。后来切尔西找到了我,我和她一起探讨了界限的问题,特别是界限对于人们在关系中扮演健康角色的重要性。

## 界限

界限是一种需求和期望,让我们在关系中觉得自在和安全。你可以通过语言和行为来设定与他人的界限。在有毒家庭中,界限出现问题的主要表现方式是依赖共生[1]和互相纠缠[2]。有时你可以通过行动设定界限,有时你也可以用语言说出你的界限,目的

---

[1] 依赖共生关系,也叫共生关系、关怀强迫症、拖累症等,指的是"依赖别人对自己的依赖"。有一种人非常喜欢照顾别人,他们的价值感要从关心别人和照顾别人这件事上获得。如果他们不去关心别人,自己就会非常难受,而且这种关心还非要别人接受不可,不管别人是不是真的需要。他们是通过让别人需要自己、依赖自己,给予别人并不需要的关怀来确立自己的人生价值,获得心理上的满足。——编者注

[2] 在心理学中,互相纠缠(enmeshment)是指未发展的自我以正常的个性和社会性发展为代价,与重要他人(通常是父母)过分亲密,有过多的情感卷入。这样的人通常认为,如果没有重要他人的不断支持,自己会无法生存或者不快乐。——编者注

都是让自己更自在。

布莱恩娜通过以下行为设定与姐姐的界限：

- 减少与姐姐交谈的次数
- 减少发消息的次数
- 减少见面的次数
- 不会时时刻刻满足姐姐的需求

对布莱恩娜来说，通过行为设定界限似乎最可控，而且不那么具有攻击性。假如是用语言设定界限，她可以说"托马斯和我将要开始新的生活，我们得找到最合适的生活方式，我不能像以前那样陪伴你了"，或者"我就要结婚了，现在我要好好维护我和托马斯的关系，可能跟你聊天的时间会减少"，抑或者"我是成年人了，希望有自主权，以后我会自己做决定"。

妹妹的这些话也许会让切尔西觉得很受伤，因为她希望她与布莱恩娜还像以前一样亲密无间，而这些话威胁到了她们的关系。还有一种可能，切尔西会开始尊重妹妹想要独立、好好维护夫妻关系的愿望，并通过其他方式来支持妹妹。

## 在有毒家庭设定界限会产生怎样的结果？

在不健康的家庭中，界限会对不正常的生态系统构成威胁。

设定新的界限将意味着要挑战不正常的系统。

## 反对

"有问题的是你，不是我。""你看，本来一切都好好的，你提出的意见把生活都搅乱了。"

改变是维护健康关系的一部分。没有人能一成不变，如果一直不变，对于关系来说并非益事。从童年到成年，我们每个人都会变成不同的人。如果能得到支持，我们通常能更加自在地去尝试改变我们一直想要改变的东西。这些变化可能会体现在我们与同事、朋友、恋人以及其他人相处的过程中。

长大后的布莱恩娜渴望享受亲密关系，虽然切尔西不习惯布莱恩娜的变化，但这并不意味着托马斯是导致她变化的"罪魁祸首"。他只是为布莱恩娜提供了安全的空间，允许她变成姐姐不熟悉的样子。

## 羞辱

"你这个人真可怕。"

羞辱一个人就是抨击他的人格，影响他的情感核心。在有毒家庭中，羞辱是一种操控策略。通常，父母会制定规则，只要孩子不遵守，父母就会说孩子"很差劲""很坏"。

羞耻感会让人产生负罪感，而负罪感会让人服从。有人只是想要改变、想要不同的东西，如果我们因此而羞辱他，让他觉得自己很坏，这其实就是控制。希望别人重视你的意见，这很正常，但因为意见出现分歧而攻击对方的人格则是不健康的行为。

**抵触（抗拒）**

"我听到你说什么了，不过我不在意。"

抵触是指完全无视他人的请求，会消极对抗或直接对抗，或质疑他人的请求。

抵触的行为表现：

- 不予理会，继续忙自己的
- 迫使他人改变主意
- 恐吓他人以迫使其改变主意

**怨恨**

"我很生气，因为你变了。"

悲伤、恐惧、失望和感到受伤汇聚到一起就是怨恨。在关系中，潜在的怨恨非常危险，因为它会在你意想不到的时候爆发。以切尔西与布莱恩娜为例，如果她们不把问题解决，那姐妹俩很可能会因为界限问题继续对抗。

## 依赖共生

在健康的成年人关系中,你不必为他人负责。为别人的生活、心情、界限和感受负责就是一种依赖共生。在不健康的关系中,依赖共生可以表现为你觉得你有权插手他人的生活,干涉他人的生活方式。

生活在这个世界上,我们每个人都需要别人,但与别人捆绑在一起、失去自我就是依赖共生。不管别人是否需要,越俎代庖地帮其解决问题,感受不到自己的需求却满足别人的需求,这都是依赖共生。

## 依赖共生的例子

> - 弟弟失业了,他还没张口你就替他把房租付了,因为你觉得他需要你的帮助。
> - 你无法忍受男友的种种行为,却又始终离不开他。
> - 表妹打电话跟你抱怨她的婚姻,你并没有认真倾听,而是直接给她提出解决方案,还让她住在你这里,不要回家。

在依赖共生关系中,你认为对方需要你的帮助。有时别人确实需要你的帮助,但你的帮助没有原则。

**我以前是怎样表现出依赖共生的**

- 帮别人找借口。
- 帮别人收拾烂摊子。
- 帮别人解决问题。
- 为了照顾别人而忽略了自己。
- 别人一有什么事我比他们还着急。
- 试图说服、劝导或敦促他人改变。
- 如果别人没改变我会很生气。
- 在没有义务帮助别人时去帮忙。
- 把别人向我倾诉的问题、烦恼告诉其他人。
- 帮别人解决问题时,我比他们本人还积极。
- 我会把别人对我的影响降到最低,因为我不想伤害他们。

我们很容易陷入这样一种模式:明明别人有能力照顾好自己,我们还非要去照顾别人。有时,你想帮助的人并不想改变,你有两个选择,要么是让他们自己安排生活,要么是你替他们安排好生活。要想减少依赖共生,你可以亲身示范,授人以渔,让他们知道怎么才能过好自己的生活,怎么才能独立自主,让他们降低期待,不要总想着你能帮助他们。

**教会别人如何照顾好自己**

有人在 Instagram 上问我："我总是什么事都先想着弟弟妹妹，怎么办？虽然心里有怨气，但我已经习惯了照顾别人。现在弟弟妹妹都长大了，我还得继续充当他们的家长。"

也许你小时候父母没有好好地照顾孩子，所以你只能挺身而出，充当照顾者的角色。但弟弟妹妹长大后，这样的照顾还有必要吗？作为成年人，你应该过渡到另一个角色：为弟弟妹妹提供支持的哥哥/姐姐。

如果别人不懂得方法，那我们应该教会他方法，而不是一手包办。我们常常以为，替别人把一切都安排妥当是支持他们的最有效方式，但从长远来看，教会他们如何照顾好自己才是解决之道。剥夺了别人照顾自己的能力就意味着我们得照顾他们一辈子。而且，残酷的事实是：有些人（包括我们所爱的人）并不爱惜自己，并不想照顾好自己，他们缺乏动力和决心。

帮别人太多是要付出代价的。一味地帮助他人而忽视自己的生活会给我们带来压力，影响我们的心理健康。

**允许别人成长**

人无时无刻不在变。每个人都在变老，变得与以往不同。我们会亲眼看见家人蜕变成不同的人，但有时，我们无法接受他们变成现在的样子。

我是家族中七个堂兄弟姐妹里最小的一个，在他们眼中，我一直都是个"小宝宝"。当然，兄弟姐妹之间永远保留着童年时对彼此的美好回忆，这是一件美好的事。可当我长大以后，有时还会听到他们说"真不敢相信，我们的小宝宝居然要结婚了"或者"天哪，我们的小宝宝要搬去别的州了"。我能理解他们的感觉，但如果是别人听到类似的话，"你还太小，结婚太早了"或者"你还是孩子，不能搬出去住"，他们会做何感想？有时，别人对我们的评价可能会阻碍我们追求自己想要的生活。

从出生的那一刻起，你就在成长，在学习面对这个世界。你对别人的看法也许跟不上他们的变化，最健康的做法是与他们一起成长。

**管理你的期望**

你的界限是怎样的？你得弄清楚，你可以怎么帮助别人、你要付出什么。在答应帮助他人之前，请仔细思考，你的界限在哪里，并记住支持他人的方式有很多种。列出一份清单，写清楚除了直接替别人解决问题，还有哪些办法可以帮到别人。你还可以问对方："怎么做才能帮到你？"这个问题非常关键，因为也许对方有自己的想法。先征询别人的意见再采取行动，要养成这种习惯。

*对自己说*："我要倾听别人的意见，不能想当然地认为别人需要我。我不应该替他们解决他们自己能解决的问题。帮助别人

的前提是不能委屈自己。"

如果你在努力摆脱依赖共生,可以用下面这些自我肯定句来给自己打气:

- "我会学着拒绝。"
- "我希望别人能自己照顾自己。"
- "我在慢慢脱离别人,变得独立。"
- "我在为自己设定界限。"
- "我不会再插手别人的事。"
- "我发现别人可以安排好自己的生活。"
- "我可以退后一步,让一切顺其自然。"
- "我要照顾好自己。"
- "我要对自己负责。"

## 互相纠缠

当你和别人之间失去边界时,就会出现纠缠。对所有事物保持同样的视角,以同样的方式生活,几乎没有界限,这是互相纠缠的基本表现。

在有毒家庭中,互相纠缠的结果是每个人都保持不变。当现状遭到挑战时,挑战者会被视作替罪羊、规则破坏者和威胁。家庭是一个文化系统,如果有人试图创造新的传统、转变角色或设定界限，系统就会受到攻击。

### 📖 家庭是一个文化系统。

在切尔西看来，布莱恩娜想要拥有独立身份的愿望对她们的姐妹关系构成了威胁。掌控关系的一直是切尔西，但随着布莱恩娜的改变，切尔西感到自己正在失去权力。布莱恩娜渴望更多的自主权，所以切尔西需要适应关系的变化。

**互相纠缠的例子**

- 在基督教家庭中长大的孩子决定改信其他宗教，所有家庭成员都和他断绝了来往。
- 一个孩子没选择家附近的学校而去了外地上大学，遭到了全家人的反对。
- 母亲一手包办女儿的订婚仪式，完全不考虑女儿的愿望和诉求。

当我们长大后想要在家庭中寻求独立自主时，常常会因为违背家庭文化系统而感到内疚。如果你内心十分矛盾，我想给你一些提醒：

- **就算对家人的行为感到不满，你依然可以爱他们。**

  这两者可以共存，很多关系都不是非黑即白的。如果你能敞开心扉，接受多种情感共存的可能性，你就能更轻松地接受关系中积极和消极的一面。

- **就算你对父母的养育方式不满，你依然可以爱他们。**

  在关系中，你常常会对所爱的人感到不满或失望。但爱一个人意味着你愿意受伤害。

- **与家人保持界限并没有问题。**

  界限是所有健康关系的要素。你应该对朋友、恋人、同事、网友、家人等能影响你心理健康的人保持界限与合理的期望。

- **有自己的主张并不是无礼。**

  我在 Instagram 上发起过一项调查。我问大家："你曾因为什么被别人贴上无礼的标签？"大家回答说：

  "我说我不想和某人一起坐车去商场，就被说成是无礼。"

  "有人问我借钱，我拒绝了，因为我没钱。"

  "我的朋友问我的意见，然后我实话实说了。"

  蓄意破坏的行为才是无礼。例如，看到有人跟着你进门你还故意把门关上。

有时，我们以为的无礼实际上只是说出实话、设定界限、拒绝别人的请求、有主见、有不同想法。

● **因为你与原生家庭成员的观点不同，他们就给你扣上"叛徒"的帽子。**

为了羞辱你、控制你的行为，别人会给你贴标签，目的是让你内疚，让你自我感觉很糟，逼你听从他们。

● **别人可以不同意你的观点，但不能一口咬定是你的错。**

你不必证明你是对的。我知道被误解很痛苦，但你必须接受有些人不理解你的事实。

要想身心健康，就不要干涉别人的生活。就算你爱对方，你认为你知道什么对他最好，你也不能控制他。

独立自主是健康关系的要素。支持别人的一个好方法就是允许他们做自己。

---

**练习**

拿出日记本或纸，回答下列提示性问题：
1.在你的家庭关系中，有哪些依赖共生或互相纠缠的表现？

2.如果家里有人做了不同寻常的事,其他人会做何反应?

3.你是否能与其他家庭成员分享你对家里问题的看法?你能否获得认同?

第三章

# 成瘾、忽视与虐待

爱伦是个单亲妈妈，独自抚养三个孩子。在她的记忆里，儿子安东尼是个聪明体贴、情商很高的男孩，他排行老二，似乎总是需要最多的关注。爱伦和丈夫离婚时，安东尼在上初中，也就是从那时起，安东尼开始表现出反常的行为。他和妈妈发生冲突，逃学，成绩下降，还和姐姐弟弟打架。可他跟爸爸在一起时却表现得像个天使，尽管父母离婚后他和爸爸很少见面。

上到高二时，安东尼变得更加叛逆，性格暴躁。爱伦很自责，她觉得父母离婚对孩子造成了伤害，应该带他去看心理医生。但她压力很大，要养育三个孩子，还要调整自己的心理状态。

另外两个孩子阿莉森和贾斯廷长大后都很出色，而安东尼还是很让她头疼。阿莉森和贾斯廷抱怨母亲总在为安东尼操心，却很少关注到他们的成就、为他们开心。他们与安东尼相处的经历大多是不愉快的，所以不想和他来往。安东尼经常撒谎、惹是生非，小时候还偷他们的东西，最令人不能接受的是，他让母亲承受了太大的压力。

爱伦经常去看安东尼，帮他付房租，替他收拾烂摊子。她对阿莉森和贾斯廷可不是这样，因为她觉得他们不需要她。她梦想着工作满二十五年就退休，但她还得替安东尼还债，她都不知道自己能不能按计划退休。

这些年，安东尼的父亲没有提供任何帮助。他说儿子已经长大了，而且他从来不会因为离婚对儿子的影响而内疚，也不觉得自己要负什么责任。

爱伦觉得她有责任照顾安东尼，因为除了她没人愿意做这件事。她最担心的是安东尼找不到工作，不能养活自己。要是连她也不管，安东尼的下场一定很惨，她得保护好儿子。她不明白为什么阿莉森和贾斯廷对她的做法如此不满，也不明白为什么没人帮她、支持她。为了挽救这个儿子，她不惜破坏自己和另外两个孩子的关系。

**放下助人情结**

内疚感会让父母付出更多，超出父母该做、能做的范围。他们会责备自己，"要是我……就不会发生这样的事"。事实是，我们没办法预测未来，也没办法改变过去。爱伦不可能回到过去，确切了解安东尼童年时的心理状况，可她却认定自己是"罪魁祸首"。但爱伦救不了儿子，她只能帮助他解决心理问题。

看着家人意志消沉确实非常难过、痛心，但认识到你无法唤醒别人也是一种解脱。那只是你一厢情愿的美好希望。通常，只要有一个家庭成员有不健康的心理状况，其他人都会受到影响。

看到往日聪明活泼的孩子变成今日这副模样，爱伦很伤心，她觉得安东尼现在没能力自救，她想方设法地帮他恢复正常生活，但这样做的结果是安东尼永远也不懂得为自己的行为负责，因为他没有体会过自己的行为带来的后果。

## "成瘾"的定义

成瘾是指强迫性地连续服用药物或酒精，强迫性地连续赌博、购物等。如果一个人没办法让自己停止某种行为，而这种行为对他的生活、人际关系和心理健康造成影响，或者如果停止这种行为就无法正常生活，那可能就是成瘾。尽管有关药物使用的研究不断有新的发现，但学界普遍认为，吸毒、酗酒、赌博和购物成瘾可能是由大脑功能受损引起的。加拿大神经科学协会（Canadian Association for Neuroscience）的一项研究指出，"如果大脑负责判断不同行为的价值的区域受损，个体就有可能做出对自己不利的（行为）选择"。该研究认为，不健康的决策模式会导致成瘾。

## 购物成瘾者的表现及对家庭的影响

- **将购物作为应对压力或重大困难的方式**

例：莎伦的母亲去世后，她购物越来越疯狂，买的东西越来越贵。虽然买回家的衣服她基本不穿，但购物能让她短暂地忘记悲痛。

- **透支消费**

例：莎伦要还两张信用卡，但她只还得起一张卡。

- **通过过度消费来掩饰透支的负罪感**

例：莎伦因无力支付账单而觉得内疚，为了摆脱负罪感，她会继续疯狂购物。

- **控制不住地想花钱**

例：莎伦的伴侣抱怨说，为了还信用卡账单，莎伦会跟他借钱，但他已经承担了家庭的大部分开支。

## 有其他类型的成瘾吗？

你会对手机成瘾吗？会的。

你会对性成瘾吗？会的。

你会对咖啡因成瘾吗？会的。

任何可能对生活造成危害的东西都有可能被滥用。但反过来说，我们持续做一件事未必就是成瘾。比方说，一个人天天都喝酒并不能说明他酒精成瘾。我们不能根据频率来判断一个人是否成瘾。请记住，成瘾的前提是无法改变某种习惯，尤其是在这种习惯会带来负面影响的情况下。并不是所有的习惯都有问题。你应该了解某种行为对你的生活、人际关系的影响以及当负面影响产生时你是否能果断停止，这一点非常重要。

**成瘾者在家庭中的表现**

在本章开头我们谈到，安东尼的问题影响到了每一个家庭成员。家人也许需要面对如下问题：

**防御**

当一个人没有准备好应对问题时，他往往会采取防御态度。他会故意转移话题或者给自己找一些根本站不住脚的借口。例如，"我没酒后驾车，我只不过是等红绿灯时在车里睡着了"。如果一个人唯一的目的就是推卸责任，那他整个人都会处于防御状态，所以你很难跟他沟通。

**否认**

不仅成瘾者会否认，他的家人也会否认。当我们不想面对某件事时，否认它的存在会给我们带来暂时的安慰。但如果有家庭成员明确指出问题，冲突就在所难免。否认是一种不健康的应对机制，只能维持家庭表面的和谐，却不能真的改善情况。

**责怪别人**

责怪别人，这样我们就不必对自己的生活承担任何责任，无论发生了什么。

如果一个人处于防御状态，否认事实，责怪他人，他可能会说：

- "我不是那个意思。"
- "你不也是一样的。"
- "你太敏感啦。"
- "你怎么对什么都有意见？"
- "没错，我是做了，但他们也做了啊，你怎么不生他们的气？"
- "我不是故意的。"
- "那不是我的本意。"
- "别小题大做啦。"

**情感不成熟**

生理年龄和心理年龄是两回事。有的人岁数在增长，可他既没变成熟也没变睿智。有些父母活到六十多岁，在情感上却仍然像一个十几岁的孩子。

**自私**

无心的伤害也是伤害。虽然别人的成瘾问题与你无关，但归根结底还是会对你的生活产生负面影响。成瘾可能会让一个人更多地关注自己，较少关注周围人的需求。即便已经戒除成瘾行为，他们仍然倾向于关注自己。长期以来，他们都是以自我为中心的，所以需要学习考虑他人的感受。

> ❖ 无心的伤害也是伤害。

**操控**

为了满足自己的需要，成瘾者有时会操纵他人。让别人内疚、一旦需求得不到满足就收回感情是最常见的两种伎俩。他们会说，"没人肯帮我，除了你""借我点钱吧，要不孩子的课外班就得停了""要是你不帮我付房租，我就不再回这个家"。

**情感忽视**

未得到足够的情感滋养、关怀和关注就是情感忽视。照顾者往往是无心的，但影响却很深远。情感忽视和蓄意伤害的影响一样大。它是一种常见的童年创伤。这种创伤是无形的，许多人默默忍受着被忽视所带来的伤害，却不了解自己痛苦的根源。

## 父母的情感忽视表现在哪些方面（在任何年龄段）

**当孩子需要时，父母却不在身边**

孩子需要成人的引导，否则他们要么只能自己摸索，要么是从同样缺乏相应知识和经验的同伴那里寻求帮助。例如，凯莉初潮那天是在学校，从没人跟她讲过女孩会来月经，也没人告诉她该怎么做。她看到内裤上有血，以为自己肯定是受伤了。学校给她妈妈打了电话，可妈妈只是给她送了几片卫生巾，什么也没解释，也没问一句凯莉的感受。

**期望孩子成为自己的翻版**

每个孩子都是独一无二的，照顾者尽管能够影响孩子，也要允许孩子与众不同，让他们有自信做真实的自己。

富兰克林家每个人都有份体面工作，收入稳定、待遇优厚，可富兰克林却喜欢艺术、表演和舞蹈。他很清楚，他将来一定要以爱好为职业，可每当他提到舞蹈和戏剧时，父母都说这不是正经职业，反对他追求他的梦想。

**无视孩子的感受**

孩子对他们生活中的成年人有自己的感受，对生活中发生的事情也有感受。孩子需要情感支持，忽视孩子这一需求会让他们觉得自己的感受不被认可。研究表明，父母哪怕只有一方能关心孩子，就会对孩子的生活产生积极影响。

父母离婚那一年威尔才12岁。他和妈妈住在一起，最开始他天天都和父亲见面，后来一个月才能见上两次。父亲的缺席让威尔心情很沉重，但没人跟他谈起过父母离婚的事，也没人关心他的感受。

阿莉森·丁尼恩（Allyson Dinneen）在她的《心理医生的便笺》（*Notes from Your Therapist*）一书中讲述了她在情感上被忽视的经历。她很小的时候，母亲死于一场空难，但是没人跟阿莉森说过到底发生了什么。生活还在继续，一切如常，母亲仿佛只是失踪了，但阿莉森无法释怀。即使事情很难解释清楚，也一定要留意孩子的感受，和他们进行一次至关重要的对话。

**要求孩子在无人帮忙、无人监督的情况下照顾好自己**

不应该让孩子自己照顾自己或者去照顾比他更年幼的孩子。

即使孩子到了一定的年龄,有能力独立行事,照顾者也应该给孩子一些指导,说明要求。让孩子承担过多的责任或照顾年幼的家庭成员,就是让他在不合理的年龄承担成年人的责任。父母忙不过来时需要年长子女帮忙,这可以理解,但如果孩子因此错过了课外活动,耽误了学习,在本该尽情玩耍的童年被迫成为小大人,这就会对孩子造成伤害。

萨曼莎不能参加学校的课外活动,因为她要回家照看弟弟妹妹。如果母亲周末想出门,萨曼莎就得替母亲照看他们。她很不开心,没人来帮母亲,所以她就得做出牺牲,根本无法拥有自己的业余生活。

在有毒家庭中,"你比你的实际年龄成熟"往往意味着:

- 你知道怎么置身事外。
- 在危急情况下,你能帮成年人找到解决办法。
- 你是讨好型人格,知道如何取悦别人。
- 你是成年人的情感密友。
- 你承担了成年人该承担的责任。
- 你比周围人更懂道理。
- 你知道怎么"隐身"。
- 你从不惹麻烦。
- 你的行为举止让你看起来像个小大人。

**不允许孩子表现出脆弱**

人是有感情的动物,孩子表达情绪是很正常的。当令人不安的事发生时,他们会哭泣和尖叫。这并不是"坏"行为,只是一种表达情感的方式——成年人的职责是帮助孩子学会接纳并处理情绪,而不是为了让别人感觉舒适,压抑自己的情绪。

托德是祖母带大的,对祖母有着深厚的感情。前几天,祖母不幸去世了。在祖母的葬礼上,有位年长的叔叔竟然跟12岁的托德说:"别哭了,要坚强一点。"

孩子在表达情感时,绝对不能告诉他们要停止感受。当然,如果孩子在悲伤时大喊大叫,父母可以引导他们以更平静的方式表达情绪,并给他们提供一个安全的空间来尽情宣泄,这样可以帮助孩子察觉自己的感受。

**没兴趣了解孩子,或者兴趣不足**

所有孩子都希望被父母看见、珍视并了解。然而,有些父母情感不成熟或者只关心自己,很少为别人提供支持,包括自己的孩子。

利娅的父母根本不知道她喜欢什么,他们只记得她一两岁时喜欢什么。她要不断提醒父母她的喜好。大约13岁时她决定不再说了,随便他们怎么想吧。

**父母情感不成熟的标志**

- 与他们在一起时你觉得孤独
- 亲子关系是单方面的（他们只关注自己）
- 他们忽视或不在乎你的感受
- 他们对你的理解流于表面
- 他们自己做得不好，却把问题归咎于你
- 他们的反应过度情绪化
- 他们不会暴露脆弱的一面
- 他们要求你服从
- 他们不尊重界限
- 他们希望你猜测他们的感受
- 他们会让你情绪起伏
- 他们要你为他们的感受负责
- 他们把自己的问题看得比你的问题更重要
- 他们不能包容你的感受或问题
- 他们会用罪恶感或羞耻感来操纵你，让你做他们希望你做的事

**情感淡漠**

无论是对孩子还是对成人而言，表达情感都是健康的行为，而且，孩子是通过观察来学习的，如果身边的成年人从不表达情感，

孩子可能也不会表达情感，或者他们会因为表达了情感而自责。

塔米从未见过家里的大人哭泣，他们似乎都能很好地控制自己的情绪，所以她也跟着效仿，即使内心有情绪，她也会克制自己，不让自己长时间地沉浸在负面情绪中。

**缺乏界限、规则、秩序感**

虽然没有规则让人感觉自由自在，但对孩子来说这很没有安全感。打造有规则、有秩序感的生活是父母关心孩子健康和幸福的正确方式。孩子对这个世界懵懂无知，不知道什么对他们是有好处的，所以需要成年人制定规则，以确保他们的安全。

拉托娅的妈妈是个"前卫妈妈"，她会像朋友一样，和拉托娅谈论关于性的问题。她允许拉托娅的朋友们在她家里抽烟、喝酒、玩到深更半夜。她说："孩子要喝酒就让她尽情地喝，等她喝到一定程度，感觉难受了，自然能知道自己的底线。"但拉托娅需要的是父母的引导，而不是朋友式的纵容。

**陪伴孩子时心不在焉**

电子产品正在消耗人们的注意力，无论是大人的还是小孩的。看起来父母是陪在孩子身边，但心理和情感上却是缺席的，因为他们只会盯着手机或电脑，根本没有关注孩子的想法和心情。一家人围坐在桌旁，每个人手里都捧着手机，这怎么可能有好的交流呢？所以，对于成年人和儿童来说，有限度地使用电子产品是很有必要的。

大多数时候，玛丽想找父亲聊聊时，父亲不是在打电话，就是在看视频、刷社交媒体。每次她想问他一些问题，父亲都回答得很简短、敷衍，而且还表现得很不耐烦。

**身体忽视**

父母未能照顾好孩子的衣食住行就是身体忽视。身体忽视有如下表现：

- 没有给孩子准备应季的衣物
- 孩子饮食不规律
- 孩子的牙齿得不到适当护理
- 孩子没有安全的住所
- 孩子居无定所（没有稳定的住所）
- 对孩子没有适当的监护
- 孩子的人身安全得不到保障
- 孩子的生理需求得不到满足

**身体虐待**

殴打或掌掴儿童属于身体虐待，涉嫌犯罪。身体虐待和性虐待不仅会在儿童的身体上留下伤痕，也会对他们的情感造成创伤，所以才会有相关的儿童保护法。然而，法律并不足以防止伤害的发生。

遭受过身体虐待或情感虐待的儿童更容易出现如下状况：

- 自杀
- 进食问题
- 慢性疼痛
- 偏头痛
- 成年后在亲密关系中使用暴力
- 成瘾
- 心理健康问题
- 严重的经前期综合征
- 纤维瘤
- 亲密关系问题

**情感与言语虐待**

辱骂、贬低、欺凌和威胁都属于言语虐待。用粗话辱骂孩子也是言语虐待。即使孩子举止不当，也绝不能用污言秽语辱骂他。如果一个人长期受到辱骂，他会感到自卑、低自尊，十分痛苦。

情感与言语虐待的表现：

- 不理人
- 将自己的感受归咎于他人
- 通过操控别人来获得自己想要的
- 故意羞辱别人
- 当别人表达情感时挖苦嘲讽
- 当别人表达自己的感受或想法时不予理睬
- 当别人寻求安慰时不予回应
- 告诉别人他们应该或不应该有某种感受
- 煤气灯操纵（让别人怀疑自己的想法）
- 当别人尝试沟通时不予回应

如果你在童年时期遭受过情感虐待或情感忽视，那你很可能有如下困扰：

- 不知道自己的感受是否正常
- 努力原谅父母
- 害怕设定界限
- 因为没有人真正了解你而感到孤独
- 想弄清楚"为什么"会这样
- 心理健康出现问题

- 常常觉得焦虑
- 下意识地自我破坏
- 害怕成为父母
- 难以形成安全依恋
- 如果生活太顺利，会有不真实感
- 担心自己会重复不健康的家庭模式

人们以为，一个人会忘记和轻易原谅被家庭成员虐待、忽视和（情感）遗弃的经历。但如果一个人未脱离发生过虐待或忽视的关系，他往往会感到怨恨、愤怒、悲伤和恐惧。虽然虐待或忽视不再继续，但这并不意味着他已经克服了它的负面影响。而且，即使到了成年后，他在人际关系中依然会遇到问题。例如，有人对你造成了创伤，可你仍然和他保持关系，这样做可能会加重你的抑郁、焦虑、创伤后应激障碍、躁郁症和其他心理问题的症状。我们可以回避、否认或压制情绪，但不可能完全忘记过去的伤痛。即使没有清晰的记忆，我们的身体和神经系统也会对创伤做出反应。

需要注意的是，虐待和忽视与家庭的经济条件无关。来自富裕家庭的儿童同样会遭受虐待、忽视，照顾者同样可能是成瘾者。

📖 我们不可能完全忘记过去的伤痛。

**练习**

**拿出日记本或纸,回答下列提示性问题:**

1. 成瘾问题对你的家庭有哪些影响?

2. 你是否还在与童年时伤害过你的家庭成员保持关系?

3. 你是否与童年时给你造成创伤的家庭成员一起解决过创伤问题?

## 第四章

# 循环重演

丹尼丝由外婆抚养长大,她和母亲的关系更像是在不同人家长大的姐妹。六个月大时,丹尼丝就被送到了外婆家,因为母亲要工作,很忙,没空照顾她。

十年后,母亲再婚,并且生了四个孩子,有个孩子最后也被送到了外婆家。这些孩子与母亲相处的方式都不一样,但没有一个孩子和母亲建立起好的亲子关系。

母亲从没想过要把她从外婆家接走。外婆待丹尼丝就像亲生女儿一样,她希望丹尼丝能一直留在她身边。至于父亲,跟母亲一样,对女儿也是不闻不问。

丹尼丝的母亲和外婆都是由她们的外公外婆抚养长大,在她们家,这已经成了一种传统。外婆年轻时基本上处于自生自灭的状态，根本没有家人管她，后来年龄渐长，又结了婚，才有了稳定的生活。因为她没能亲自带大自己的孩子，所以她觉得她有责任替女儿抚养孩子。让孙辈过上他们的母亲无法给予的安稳生活，也算是一种补偿。

丹尼丝长大后，母亲很想跟她再亲近些，可对丹尼丝来说，生命中的大部分时间母亲都与她如此疏远，她怎么可能再和她亲近起来呢？母亲似乎从不因为自己的缺席而内疚，丹尼丝无法接受，也无法原谅。母亲越是想靠近，丹尼丝就越反感。母亲无法理解丹尼丝的感受，尽管她和丹尼丝有着同样的童年经历，但她和自己母亲的关系一直不错。

**为什么人们会重复不健康的家庭模式**

我刚做心理治疗师的时候，在第一次家庭治疗面谈中接待了一对母女。女儿十几岁大，她的舅舅对她进行了性侵。她母亲对我说，她自己十几岁时也被一位长辈性侵过。机能不全的行为模式在这个家庭中再次上演，而这位母亲只能默默忍受。我为她感到心痛——谁都不愿意重复这样的恶性循环。

人们并不总是能意识到这种模式的存在，即使意识到，也会把它视作家丑掩盖起来。有些家庭希望机能不全只是偶尔出现的反常情况，他们觉得如果不去深究，它就会随着时间消逝，但这是不可能的。除非我们主动解决问题，否则这种情况永远不会改变。

并不是所有事情都会随着时间的推移变得好起来。如果你在童年阶段没得到你所需要的爱，长大后那些有问题的成年人仍然无法给你所需要的东西，那你仍然很难接纳他们。尽管你无法改变他人，但你也许很想试试——你觉得你需要这么做，实际上这并不是你的责任。如果长大后你无法接受童年时很重要的人仍然不能满足你需求的事实，那不妨对自己多一些理解和宽容。

无知是福，因为这样我们就无须改变。有时，假装不知道真相更容易，因为我们不想面对家庭丑陋的现实，也不愿去处理家庭内部的冲突。我们满足于现状，害怕被孤立，也不知道该如何改变，所以不健康的家庭行为模式会持续多年。

> 📖 无知是福，因为这样我们就无须改变。

### 害怕被孤立

人类天生渴望归属感，大多数人都难以接受不被家庭接纳的事实。下定决心打破旧的家庭模式也确实会让我们与家人的关系出现问题。即使有些家庭成员的行为明显是错的，但让他承认自己所造成的伤害依然很有挑战性，对他来说，这可能是一种冒犯。就算有人指出家庭机能不全的问题，其他家庭成员也可能会矢口否认。

敢于挑明不健康的家庭模式需要勇气。遗憾的是，说出事实往往要面对可怕的后果，所以许多人会选择沉默。

**满足于现状**

有些人可能并不觉得家庭内部的问题有什么不妥。例如，在家庭成员之间搬弄是非也许是大家可以接受的行为。但即便家庭成员满足于现状，也不能说明这些行为是对的，这只是因为大家并不知道如何改变。

有些行为你觉得不对，但别人也许觉得挺好，可以接受。人和人对问题的看法并不一致。就算你知道改变能让别人的生活更好，你也无法说服别人改变。你唯一能改变的就是你自己。

**不知道如何改变**

也许你看到了问题，但解决这个问题并不容易。

我们在家庭关系中的行为方式往往是习惯性的。比如，你邀请某些家庭成员来参加聚会是出于惯例，如果你突然改变邀请名单，家中一定会质疑。家庭成员是相互关联的，改变你与某一个成员关系的性质自然会改变你与其他人的关系。例如，如果你决定不再跟某个兄弟姐妹讲话，那么父母也许会改变与你的相处方式。事实上，刚开始会很难，因为你的选择会影响到每个人。

**如何处理家庭内正在发生的虐待行为**

如果家庭里有性侵者，绝不能对他们的行为视而不见。在很多家庭里，孩子会接触到有"前科"的施害者。我们不能想当然地以为施害者自己会变好，不会伤害孩子。

在我作为心理治疗师的16年中，我听到许多人讲过这样的故事：他们小时候曾经告诉过父母某位亲戚是性侵者，但父母仍然和这个亲戚继续来往，这让他们在家庭中失去了安全感，感觉在情感上受到了漠视。

与其告诉孩子"远离某某（施害者）"，不如直接带孩子远离那个人。这是父母的责任，而不是孩子的责任。绝不能让有过恶行的施害者接触你的孩子。

如果有家庭成员正在伤害孩子，你应该诉诸法律保护自己的孩子，也保护其他孩子免受伤害。但成年后，我们就得承担起保护自己的责任。只有你自己才能决定如何处理并改变这种情况。作为成年人，你可以向家人揭露施害者的恶行，寻求法律支持，也可以避开对你造成困扰的人。

**未愈合的创伤会影响成年后的关系**

在有毒家庭中长大的人在成年后的关系中会遇到很多问题。

常见的问题包括:

- 信任问题(不信任自己和他人)
- 依赖问题(依赖无能和依赖共生)
- 控制倾向
- 情感难言症(述情障碍)
- 难以表达需求

**信任问题(不信任自己和他人)**

乔纳森的母亲对他的一举一动都很挑剔,无论他做什么母亲都不满意,她总能挑出来"毛病",总能找到证据来说明他应该做得更好。乔纳森在学校里一直是优等生,但母亲仍然不满意,觉得他还应该更优秀。进入大学后,每当需要自己独立做决定时,乔纳森就变得犹豫不决。他总担心自己做得不对。尽管他有能力做好,事实证明他也确实做得很好,但他仍然不能相信自己,总是觉得自己很差劲。

你信任的人可能:

- 做对你不利的事
- 背叛你
- 伤害你的感情

- 利用你
- 误导你
- 虐待你
- 指责你
- 不支持你
- 散布关于你的流言蜚语
- 窃取你的东西
- 利用你说过的话来对付你

毫无疑问，如果你受到过家庭成员的伤害，而且你的创伤还没有被意识到、被处理和疗愈，那么它可能是你从小到大与别人产生信任问题的根源。

**依赖问题（依赖无能和依赖共生）**

塞塞利娅的父母似乎总是忙于事业。她是独生女，从小父母就教育她要照顾好自己，所以她早就养成了独自解决问题的习惯，即使有人主动要帮忙，她也会拒绝。一直以来她都是这样，否认自己需要帮助，以至于她真的相信自己能独立解决一切问题。

塞塞利娅感到很孤独，她知道，依赖无能的结果就是她在需要帮助时无人可依靠。

在有毒家庭中，依赖问题通常会朝两个极端发展。依赖无能是否认个人需要，而依赖共生则是帮助他人避免承担后果，给予别人并不需要的过度的关怀，在过分地、强制性地照顾另一方的过程中获得自己的价值感。这两种做法对我们都没什么好处，因为健康的给予和接受应该介于两个极端之间。

**控制倾向**

贾斯蒂娜家的生活状态很不稳定，因为她父亲总是保不住工作。母亲已经不在了，父亲是唯一的家长，家里入不敷出时，父亲会找贾斯蒂娜的奶奶借钱。贾斯蒂娜偷偷发誓，长大后一定要多挣钱，自己养活自己，绝不张口向人借钱。所以，现在她会想办法控制生活的方方面面，尤其是如何花钱。

安全是一种基本需求，当我们感到安全受到威胁时，我们会试图控制自己所处的环境，这可以理解。如果对有些方面比较在意，比如钱财，那么在涉及金钱时我们就会特别敏感。虽然寻求掌控感最能让我们感到安全，但可能会适得其反，特别是在没有真正的威胁时。与其拼命地去控制未来的方方面面，不如创造一个积极的、可预测的未来。

**说明你在试图控制他人的迹象**

- 让别人像你一样思考、行事
- 控制别人生活中根本不会对你有影响的方面（与你无关的事）
- 决定别人能做什么，不能做什么
- 要求别人为你而改变
- 操纵别人改变行为
- 给别人的生活制定规则
- 告诉别人什么对他们最好

**情感难言症（述情障碍）**

"你不该有那种感觉。""这有什么好哭的？"小时候，安德鲁经常从父母口中听到这些话。40岁那年，安德鲁面临着第二次婚姻破裂。即将与他离婚的妻子告诉他，她从来不知道他在想什么，因为他从来没有向她表达过他的情感。他没有否认，因为他意识到，连他自己也不知道自己的感受是什么。

但他知道，他不希望结束这段婚姻，可他又不知道如何才能像妻子期望的那样表达情感。述情障碍通常会导致婚姻破裂，因为没有述情障碍的一方会在这段关系中感到孤独、不被接纳。

无法识别和表达情感被称为述情障碍。"我不知道自己的感受"是患有这种疾病的人常说的一句话。他们即使知道自己的感受,也很难向他人表达出来。在不鼓励情感表达的家庭中,久而久之,被打压的个体会情感麻痹,无法或不愿表达自己的感受。

**应对述情障碍的六个方法**

---

1. 使用情绪图(feelings chart)——是的,有面部表情的那种——来了解自己的感觉。
2. 使用情绪跟踪器[①]来评估你一天的感受。
3. 练习写有关情绪的日志。选择一种情绪,写下你感受到此种情绪的时刻。
4. 学着在日常对话中使用与情绪有关的词语。一开始你也许会觉得尴尬,但通过练习你会变得更加自在。
5. 注意他人是如何表达情感的,并询问他们有关感受的问题。
6. 心理治疗可以让你学会识别、理解和处理自己的感受。

---

**难以表达需求**

伊夫琳的父母年纪都比较大,她还是个小孩子时,哥哥姐姐就已经长大成人了。父母要求她遇事要自己想办法解决,她听从

---

① 常见的情绪跟踪器有情绪日志、情绪图以及应用程序(App)等。——译者注

了父母的建议，哪怕需要帮助，她也会自己想办法，因为她不想麻烦别人。伊夫琳脚踝骨折了，她很需要别人来搭把手，比如她洗澡的时候或者需要在家中走动的时候。但伊夫琳宁愿自己想办法，因为她不想向别人求助。

人都需要帮助，而且这并不总是坏事。无论你曾受到过什么样的教导，要记住没有人能自己解决所有问题。每个人都有需求，承认自己有需求是很正常的，否认需求并不会让需求消失。

我在Instagram上发起过一项调查，问题是："你想打破哪种家庭模式？"

以下是排名前二十的回答（排名不分前后）：

- 酗酒
- 依赖共生
- 保守秘密
- 维持不健康的关系
- 依赖无能
- 对家庭成员说三道四、指手画脚
- 言语虐待
- 述情障碍
- 煤气灯操纵
- 回避关键问题

- 外貌羞辱
- 财务状况不稳定
- 在外人面前死要面子
- 互相纠缠
- 情感不成熟
- 没有边界感
- 情感忽视
- 被动攻击
- 讨好他人
- 殴打孩子

有些家庭会出现不止一个问题，而即便只有一个问题，也会影响人们成年后的关系。

## 童年创伤如何影响恋爱关系

哈维尔·亨德里克斯（Harville Hendrix）博士与海伦·拉凯利·亨特（Helen LaKelly Hunt）博士一起研发了"意象关系疗法"（imago therapy），以帮助夫妻处理童年创伤对他们维护与另一半的亲密关系的影响。拥有一个有童年创伤的伴侣会导致在亲密关系中出现不切实际的期望。与伴侣发生的问题通常与一个人童年时遇到的问题相同。因此，当他们尝试与伴侣一起解决这些问题时，情绪（例如恐惧）会更强烈。

例如，德里克从小就被母亲抛弃了。成年后，他会不自觉地通过欺骗和拒绝亲热的方式来无意识地破坏亲密关系。由于害怕被抛弃，德里克对形成依恋关系并允许自己暴露脆弱感到恐惧，害怕终有一天被抛弃。他发现，不与他人建立深厚的感情会更安全。

伴侣无法治愈你的童年创伤，但他们可以帮助你尽快康复。相反，有些伴侣会通过重新创造熟悉的创伤经历来触发你的创伤。例如，你小时候父母只要一不高兴就对你冷暴力，如果你的伴侣也这么做，就可能触发你被漠视的感觉。想要打破这种循环，你需要练习觉察，觉察到童年时的问题再次出现在你成年后的亲密关系中。

**隔代家庭**

由祖父母/外祖父母而非父母抚养孩子的家庭被称为"隔代家庭"。在美国，有250万儿童是由祖父母/外祖父母抚养，通常是因为这些孩子的父母滥用药物、居住环境不理想或者正在服兵役，也可能是因为其他社会问题。

祖父母/外祖父母、姑姑/姨妈、叔伯/舅舅和其他家庭成员可以提供关爱和支持，但他们无法取代亲生父母的角色。父母在孩子的生命中扮演着极为重要的角色，亲生父母的缺席会让孩子无法应对深深的失落。即使孩子被安置在最健康的生活环境中，与其他家人或养父母生活在一起，他们仍然渴望了解自己的亲生父母，渴望与他们建立联系。

抚养孙辈和帮助需要支持的孙辈是有区别的。

抚养孙辈包括：

- 负责孩子的医疗护理
- 负责养育的所有决策
- 给孩子提供安全的环境
- 承担孩子的一切费用
- 给孩子设定发展目标

而帮助孙辈包括：

- 在需要时帮忙照看孩子
- 参加孩子的课外活动
- 给孩子买礼物
- 在有需要时或者孩子提出请求时给孩子指导
- 由父母给孩子设定发展目标

儿童有依恋父母的天性，在新冠疫情最肆虐的时候，那些由祖父母/外祖父母抚养的儿童的处境堪忧，因为老年人是最容易感染并入院治疗的人群。帮助和支持会增加孩子的幸福感，因此祖父母/外祖父母的支持可以成为孩子生活中的积极因素，但如果父母缺席，孩子往往会因为觉得自己被抛弃而感到痛苦。通常情况下，抚养孙辈的祖父母/外祖父母更容易出现健康问题，更容易抑郁，而且，老人的收入有限，资源也有限。

## 你经历了什么？

觉察能帮助我们避免重复过去的模式。随着时间的推移，你会逐渐理解曾经发生在你身上的事，而你的经历也在不断地演变发展。我成年后看了一部电影，让我回忆起童年时的创伤经历。电影讲的是青少年约会暴力，它让我想起，我的一位家人十几岁时被男朋友用自行车猛烈击打。我简直无法相信，这个记忆如此清晰。当时那件事以我没有意识到的方式影响着我，每当有人稍微提高声音说话，我就会变得特别敏感。这是我的一段经历，那么，你经历了什么呢？

> ◆ **觉察能帮助我们避免重复过去的模式。**

**练习**

**拿出日记本或纸，回答下列提示性问题：**

1.你重复过哪些模式？你可以参考本书71—72页Instagram调查的结果。

2.你想打破哪些模式？

3.想一想：你有没有难以表达出内心感受的经历？

第五章

# 代际创伤

唐纳德家好几代人都酗酒——祖父、父亲、几个叔伯,还有他自己。唐纳德第一次接触到酒精时只有12岁,他只有喝醉了才觉得舒服,才能忘记生活中的一切烦恼。家里人都自顾不暇,日子过得一塌糊涂。他17岁开始每天喝酒。

唐纳德原先觉得很难跟父亲沟通,后来他们成了酒友,因为共同的爱好,他们一下子成了"知己"。

唐纳德的第二任妻子警告他说,如果他再不去看心理医生,她就跟他离婚,他只好和妻子一起接受治疗。但遗憾的是,他不认同妻子的观点——他不觉得自己有问题。他觉得自己虽然酗酒,但丈夫该尽的义务他也尽了:白天挣钱养家,只有晚上和周末才喝酒。他并没有像父亲那样,一天到晚喝得烂醉,也没像叔伯们那样，连份正经工作都没有。

唐纳德的想法是，只要他愿意，他随时都可以戒酒，但他目前还不想，尽管这会扰乱他的家庭。只要有空，他就去父亲那里或是跟朋友一起喝酒。在我们的面谈中，我发现他似乎很爱妻子和孩子，可他就是不愿意放弃陪伴他多年的老伙计——酒精。

妻子终于忍无可忍，带着孩子离开了这个家。直到这时，唐纳德才开始认真反思他酗酒的原因以及他与酒精的关系。

他问了自己以下问题：

- 酒精如何影响了我的生活？
- 我的家族中有哪些酗酒问题？
- 酗酒的原因是什么？
- 我能自己改变酗酒的习惯吗，还是需要他人的支持？
- 酗酒对我来说是怎样的应对机制？

## 有其父必有其子

迈克尔·D. 雅普克（Michael D. Yapko）博士在其所著的《抑郁症会传染——最常见的心境障碍是如何在全世界蔓延的以及如何阻止它》（*Depression Is Contagious: How the Most Common Mood Disorder Is Spreading Around the World and How to Stop It*）一书中指出，如果父母抑郁，那么孩子患上抑郁症

的概率要高出两倍。父母是子女的榜样，子女会从父母身上学到积极和消极的品质。当父母忙于处理生活中的问题时，他们常常让孩子自己去摸索，不给孩子任何指导。如果父母心不在焉，孩子更容易感到长久的孤独。对唐纳德来说，与父亲沟通的唯一方式就是喝酒。

我刚入行时曾为寄养机构的儿童和父母提供服务。我要根据孩子遭受虐待的严重程度和父母对治疗的配合程度决定，孩子是跟父母回家生活还是继续寄养。平均而言，39%的寄养儿童（从亲生父母身边被带走的儿童）的原生家庭存在吸毒和酗酒问题。而且，很多父母还遭受过创伤，有心理问题（主要是创伤后应激障碍和抑郁症）且未接受治疗。与普通人相比，有创伤后应激障碍症状的人滥用药物的概率要高出两倍，三分之一有抑郁症状的人会药物成瘾。治疗师在帮助药物成瘾患者时，通常会从家庭、应对策略、创伤和心理问题入手。如果父母药物成瘾，孩子也通常会将此作为一种应对策略。如果父母自己没有处理好家庭留下的创伤，那往往会有意无意地给孩子造成创伤。如果没有意识到这一点，过去的模式就会循环重演。遗传和环境的影响都会增加后代出现心理问题的概率。

◆ **如果没有意识到这一点，过去的模式就会循环重演。**

## 什么是代际创伤？

研究发现，纳粹大屠杀幸存者的后代体内的压力激素水平较高。如果创伤得不到解决，其涟漪效应就会影响到一代又一代。反复出现的不健康行为和适应不良[1]的应对策略都可能代代相传。

经历过创伤的人往往对压力有更高的反应性。这种反应不一定是生物性的，也可能是受到环境的影响。他们会从身边的"榜样"那里习得行为。任何人都有可能受到代际创伤的影响，遭受过虐待或忽视的家庭面临的风险更高。

代际创伤表现为创伤后应激障碍类症状，如过度警觉、焦虑、惊恐、情绪波动和抑郁。经历过严重童年创伤的父母，其子女出现行为问题的概率也更高。表观遗传学是研究基因表达的可遗传的变化的一门学科。自身免疫病等慢性疾病也与代际创伤有关。近几年的研究探讨了基因表达如何在创伤幸存者身上留下基因印记并代代相传。

---

[1] 适应不良（maladaptation），亦称"不适应""顺应不良"，是适应障碍的一种，属轻度适应障碍范畴。适应不良主要表现在个体人格方面，指各种情绪上的干扰妨碍了个体从事有效的社会活动。适应良好、心理健康的个体在学习和解决问题时充满信心和富有成效，他们生活目标明确并富有建设性与现实性，在人与人的相互关系中能互敬互爱，并乐于为实现社会目标而献身。而适应不良则与之相反。适应不良最初源于不良的亲子关系。适应不良多导致活动低效并构成恶性循环。——编者注

**可能会导致代际创伤的情况**

- 情感或身体上的忽视
- 性虐待或身体虐待
- 亲职化①（孩子是小大人）
- 经常搬家
- 由成瘾的父母抚养长大
- 不是由父母（一方或双方）抚养长大
- 家庭暴力
- 生活在不安全的社区
- 家庭财务状况不稳定
- 由已分居（离异）的父母共同抚养，且抚养方式极为有害

创伤后奴隶综合征（Post Traumatic Slave Syndrome，简称PTSS）是乔伊·德格鲁伊（Joy DeGruy）博士提出的理论，该理论描述的是奴隶制对奴隶后代的影响。德格鲁伊在其著作《创伤后奴隶综合征——美国所遗留的伤害及疗愈》（*Post Traumatic Slave Syndrome:*

---

① 亲职化（parentification）是指在家庭系统中，孩子被迫承担起成年人或父母的责任和角色。这种情况通常发生在缺乏成年人或父母呵护、关注和支持孩子的家庭。由于家庭中父母的缺席、无能或其他原因，孩子被迫提前成熟，并被要求履行超出他们年龄和发展阶段的责任。——编者注

America's Legacy of Enduring Injury and Healing）中指出，奴隶制导致最早的黑奴患有创伤后应激障碍，但他们的心理问题并未得到解决，而是代代相传，直至今天，再加上当今社会的种族偏见（如种族微侵略[①]）所带来的压力的影响，黑种人就有可能患创伤后奴隶综合征。它表现为一种心理、精神、情感和行为上的综合症状，会导致一个人缺乏自尊、持续愤怒，并把种族歧视者的信念内化。

**代际创伤可能让后代出现哪些问题**

- 成瘾问题
- 危险的性行为
- 羞耻感
- 机能不全的家庭模式
- 家庭暴力
- 不健康的人际关系
- 自我破坏
- 睡眠问题
- 不健康的界限

---

[①] 种族微侵略是指在日常生活中（有意或无意地）通过语言、行为等表达对有色人种的轻视。——译者注

- 心理问题
- 依赖共生
- 情绪问题
- 饮食失调

## 常见的机能不全代际传承模式

### 言语虐待

洛丽讨厌去表姐家参加家庭聚餐。表姐家的孩子都是成年人了，可她骂起孩子来还是丝毫不留情面，好像孩子不是她亲生的。她骂他们又懒又蠢，还经常和他们吵架。洛丽听了心里很难受，她不知道为什么没人能劝劝表姐。洛丽的外婆和姨妈们也经常凑在一起说这些孩子的坏话。

### 暗箭伤人

托尼娅的母亲和姨妈相互讨厌，托尼娅希望她和姐姐不会这样。不幸的是，托尼娅的姐姐也不是善茬，总是暗中使坏，破坏托尼娅与其他亲戚的关系。她的母亲经常说，她们姐妹俩的关系让她想起了她跟她姐姐的关系。

**背后说闲话**

在戴维斯的家庭聚会上,那个不在场的人一定会成为大家议论的焦点。大家会议论他的体重、婚恋情况,或者任何可以八卦的事。这已经成了他们家的常态,他们家的人最喜欢在背后说人是非。有一次,几个表兄弟说起塔妮莎哥哥坐牢的事,她没有参与,保持沉默,气氛就变得很尴尬。他记得母亲也是这样的人,总是和亲戚们凑在一起说长道短。

**不会表达情感**

简从没听父亲说过"我爱你"。简的祖母是个让人猜不透的女人,童年的大部分时间里,祖母都不允许她靠近,她能想象祖母当初是怎么养育她父亲的。

**代际创伤会对家庭产生的其他影响**

- 成瘾
- 单亲家庭
- 应对能力差
- 慢性病
- 母女关系问题
- 父子关系问题

- 兄弟姐妹关系问题
- 性虐待、身体虐待、情感虐待或忽视

**循环重演**

代际循环指几代家庭成员会经历同样的问题。你也许见过你的姑姑/姨妈、叔伯/舅舅或堂/表兄弟姐妹会重复长辈的不健康家庭模式。有句话说得好，"你给不了别人你没有的东西"。这句话说明，父母想要克服代际家庭模式是多么的困难。不过，通过学习、洞察，找到合适的方法，你还是能够学会并采取新的模式。但新手父母没有指南可参考，所以想要学会这些技能会比较困难。有些父母确实缺乏方法，不知道该如何培养和支持孩子。虽然大家总觉得照顾孩子只需要具备"常识"，但很多父母缺乏这种"常识"。

在很多书店，你都能看到好几排摆满育儿书籍的书架。父母需要方法和应对策略来指导育儿，如果没有适当的方法，有些父母就会模仿他们看到的、知道的，重复他们父母的机能不全模式。曾经有位女性来访者告诉我，她做意大利面时会往酱汁里放糖。我问她为什么，她说她母亲就是这么做的。她又去问她母亲，结果发现母亲是从外婆那里学来的。没人知道为什么要这么做。后来我告诉她，加糖是因为糖能够中和番茄的酸味。这个例子恰恰说明，除非我们主动质疑自己的行为是否合理，否则我们会一直继续这些行为，对家庭中的每一个人都造成伤害。往意面酱汁里加糖确实有它的用处，但模仿不健康的行为却是有害无益的。

**最小化创伤与否认创伤**

通常，人们会用不健康的应对策略来摆脱创伤。但对痛苦视而不见不仅会让当代人的问题更多，还会促使后代形成破坏性的模式。

下列语句是在最小化创伤：

- "也没那么糟啦。"
- "大家不都是这么过来的。"
- "对我们根本没影响。"
- "有些事难免会发生的。"
- "我们得坚强，得向前看。"
- "过去的事就让它过去吧。"
- "不要为昨天的事情烦恼。"

下列语句是在否认创伤：

- "什么事也没有啊。"
- "我们说点别的吧。"
- "我不想谈这个。"
- "我不记得了。"（假装自己忘记）

**克服羞耻感**

一个人会否认和最小化创伤，最根本的原因是羞耻感。羞耻感会让人保持沉默，因为他认为发生过的事就代表了他这个人，说起自己曾经经历过的虐待、忽视等创伤实在令人难堪。但事实是，家庭成员谈及创伤越多，创伤就愈合得越好。内疚感与羞耻感的关键区别是，内疚感是你相信"我做了坏事"，而羞耻感是你相信"我很坏"。感到羞耻的人总是会觉得别人知道他们有多"坏"，认为自己就该遭受虐待。

羞耻感会影响你对自己的感觉以及你与外界互动的方式。如果生活顺利，你反而会更加焦虑，你觉得迟早有一天你的家庭秘密会被揭露出来，或者担心别人不理解你的经历。

> ◆ **能帮助你克服羞耻感的自我肯定宣言**
>
> 有时，我的选择会受到环境的影响，但我可以决定自己想

> 成为什么样的人,我可以摆脱环境的羁绊。
>
> 这并不容易,但我能做到。

**练习**

**拿出日记本或纸,回答下列提示性问题:**

1. 你否认或最小化了家庭中的哪些创伤?
2. 列出代际创伤对你的影响。
3. 你曾因家族历史而感到羞耻吗?

第二部分

疗 愈

第六章

# 拒绝机能不全的家庭模式

　　凯莉与哥哥杰夫的关系一向很紧张。杰夫说话特别尖酸刻薄，他曾经为了自己的利益操控整个家庭，并且还要表现出自己是有权这样做的。家里另外两个孩子跟杰夫已经没有任何来往，要是杰夫在凯莉家，他们甚至都不愿意登门。但凯莉还是一直和杰夫保持联系，因为她觉得自己现在是杰夫唯一的亲人。尽管杰夫一而再，再而三地伤害她，她还是把他当哥哥看，希望他能有所改变。

　　在治疗过程中，凯莉深入思考了如果和杰夫断绝来往，她会有多痛苦，尽管她知道哥哥在欺负她，也知道切断联系对她来说会更好。她也跟杰夫提过建议，让他反思自己的行为哪里不对，是什么导致了这些问题，但他总觉得都是别人的错。每次她提出不同意见，他就出口伤人，对她冷嘲热讽。

凯莉和杰夫年龄相仿，以前他们有很多共同点，但成年后就不一样了。他们从小就没了父亲，凯莉不知道杰夫的行为是否与父亲早逝有关。他学习成绩很一般，也很难找到工作。

她很羡慕另外两个手足能够果断割舍掉这段关系，她承认，如果杰夫不是她的哥哥，她绝对不会跟他来往。每次接到杰夫的恐吓和操控电话时，她都会感到非常不安，但她就是无法摆脱内心的负罪感。

**改变很难，但值得尝试**

任由事情发展，当然很容易做到，可这样做会让你陷入困境。意识到问题的存在不过是你刚迈出的一小步，接下来你还有很长的路要走。而改变往往就是在这时发生——当现状让你心力交瘁、不堪重负时，你就会开始做出不同的选择。在一段关系中，你感到沮丧、苦恼、疲惫，并不意味着你会改变，这仅仅意味着你开始有所察觉。

改变和他人的相处模式与改掉某种习惯的过程非常相似。凯莉改变的过程会是这样：

- 把杰夫的电话转到语音信箱，等准备好之后再给他回电话
- 告诉杰夫，她理解他和别人之间的问题，但她希望能聊些别的

- 改变想法——她不是唯一能给杰夫情感支持的人
- 让杰夫自己处理问题，不必给他出谋划策
- 让杰夫知道哪些做法绝对不可以，比如绝不能对兄弟姐妹或父母大吼大叫

与其对别人更包容，倒不如改变你无法容忍的现状。经常有来访者问我，如果不喜欢别人的行为，怎样才能让自己变得更包容。比如：

- "母亲好像很嫉妒我，我该怎么办？每次有好消息告诉她，她总是对我明褒暗贬。"
- "姐姐总把我当小孩，我该怎么办？"
- "每次参加家庭聚会，亲戚们都要打听我的近况，然后对我指手画脚，我要怎么办？"

只要听到"怎么办"这三个字，我就知道他们在极力忍耐他们实际上无法忍耐的事。忍耐不健康的行为会让人心生怨恨，而不是耐心。我们永远也无法改变他人，所以许多人会选择任其发展，因为这似乎比改变自己更容易。

📖 **忍耐不健康的行为会让人心生怨恨,而不是耐心。**

**保持巩固阶段(maintenance)**
· 能做到持之以恒
· 不再感情用事

⬆

**行动阶段(action)**
· 能说出自己的需求
· 改变自己所能改变的,而不是试图改变别人

⬆

**准备阶段(preparation)**
· 开始尝试小的改变
· 还不能持之以恒
· 试图说服别人改变
· 能更多地把问题说出来

⬆

**意向阶段(contemplation)**
· 开始考虑改变带来的好处
· 心情复杂
· 感到内疚

⬆

**前意向阶段(pre-contemplation)**
· 没有意识到问题
· 掩盖问题
· 找借口

图1　行为的改变阶段

## 行为的改变阶段

当人们刚开始接受治疗时,通常是前意向阶段。来访者能感觉到生活中那些没有解决的问题的影响,却难以找到原因。他们经常会有焦虑、抑郁等心理问题,却不了解隐藏在临床症状下的根源。

心理学家詹姆斯·普罗查斯卡(James Prochaska)和卡洛·迪克莱门特(Carlo DiClemente)在研究机能不全的家庭关系的改变过程后创建了一个模型,这个模型反映的是人们在打破长期存在的模式时会经历哪些阶段。我对模型做了一些改动(见图1)。

### 前意向阶段

在前意向阶段,我们通常不能有意识地察觉到问题,但有迹象表明问题的存在。在这个阶段,我们通常会感到怨恨、绝望和无能为力,同时还会否认问题的存在,寻找各种各样的借口,因为我们通常会对自己的处境感到绝望、不甘心。

哪些迹象表明你正处于前意向阶段:

- 尽管你和别人都没有变化,却仍期望别人会有所改变
- 一而再,再而三地给别人改变的机会
- 一遍遍重复说过的话,希望别人能明白自己的苦心

在前意向阶段，你会这么说话：

- "我觉得哥哥在利用我，但他一直都这样。"
- "父母无法接受'真实'的我，他们只想看到他们想看的那一面。"
- "姐姐总觉得我是个小孩，她无法接受我已经长大了。"
- "姑姑总对我指手画脚，我得想想怎么办。不过她也是为了我好。"

**意向阶段**

在这个阶段，我们会慢慢觉察。我们开始看到事情的真相，能有意识地觉察问题出在哪里，为什么我们会感到矛盾、内疚、羞愧和后悔等相互冲突的情绪。我们开始探索改变会带来怎样的好处——让自己、对方和人际关系变得更好。

当关系出现问题时，关系中的每一方对于不健康的行为会有不同的定义。人们有时会把"否认"当作让生活保持稳定的唯一办法，而对问题采取回避态度也是人们保持家庭和睦的常用策略。与此同时，我们畏惧觉察，因为它迫使我们以不同的方式看待问题，迫使我们改变。

**你选择留在不健康关系中的十个可能的原因**

1. 你还期待着"美好时光"重现。

> 2. 你还抱有希望，希望另一方会改变。
> 3. 你无法想象没有对方的生活。
> 4. 你经济不独立，没办法离开。
> 5. 你认为忠诚意味着无论如何都要留下。
> 6. 你觉得他们没有你就无法自处。
> 7. 你害怕做出错误的决定。
> 8. 你在等待对方结束这段关系。
> 9. 你不想伤害其他可能会受到影响的人。
> 10. 你还没到忍耐的极限。

许多来访者都是在意向阶段开始接受治疗的，很多时候他们也会在这个阶段放弃治疗。显然，有改变的想法比实际去改变更容易，尤其是在家庭关系中。来访者的意向阶段可能会持续数年之久，这似乎很令人失望，但心理治疗师都能接受这一现实——我们必须全程陪伴来访者，耐心等待他们准备好采取行动。

起初，当来访者在这个阶段停滞不前时，我总是感觉很受挫。现在我知道，很多人都会困在这个阶段，我的职责是帮助他们走出停滞状态。

对于家庭关系来说，矛盾的心理确实会阻碍你做出健康的改变，虽然这些改变对你和每一个家庭成员都有好处。

在意向阶段，你会这么说：

- "我哥哥有权这么做。"
- "父母很爱我，他们需要了解我。"
- "我不是小孩子了。"
- "姑姑的话很伤人。"

如果你觉得自己困在意向阶段，不妨思考如下问题：

- 改变对你的身心健康会有哪些积极影响？
- 想要维持现状、保持不变，你得放弃什么？
- 如果你不做任何改变，谁会受益？
- 否认自己的需求会给你造成哪些伤害？

**准备阶段**

在这一阶段，你会尝试做一些小的改变。例如，你不会再像以前一样，允许哥哥拿你在朋友家尿床的事开玩笑，你会说"别再拿那件事开玩笑了，多丢人啊，一点不好笑"。你会改变你在关系中的角色，设定界限。做到这一点很难，但这样的改变对你是有好处的。

在这个阶段，你会阅读更多关于这方面问题的书籍，看心理医生，与朋友和支持你的家人一起处理你的感受。这些方法能帮助你接纳自己的感受，让你有充沛的力量做出复杂的改变。你能更多地说出你的问题，并鼓励他人做出改变，这样你就不必"孤军奋战"了。（再次强调，你无法改变别人，但你可以鼓励他们做出改变。）

在准备阶段，你会这么说：

- "要是哥哥问我借钱，我得给他定个还款期限。假如他不按时还钱，我绝不会再借更多的钱给他，除非他先把欠我的钱还了。"
- "要是父母又拿我和小时候做对比，我会要求他们接受我现在的样子，给我支持和鼓励。"
- "如果姐姐非要给我出谋划策，我会告诉她，我需要的是倾听，而不是她告诉我该怎么做。"
- "要是姑姑再评价我的体重，我会请她不要再说了。"

**行动阶段**

在这个阶段，你的改变不再只停留在口头上。你已经认识到，你有责任改变自己的生活，即使别人不愿意改变。你的态度已经从想法转变为行动，从受害者转变为一股强大的力量，对于改变，你的态度更坚定，也更能持之以恒。在这个阶段，你需要别人的支持，帮助你理清思路、处理情绪并坚持到底。

在行动阶段，你会这么说：

- "我才不会让哥哥利用我。"
- "我要在父母面前做真实的自己。"
- "和姐姐相处时，我要表现得像个成年人。"
- "我绝不能让姑姑贬低我。"

**保持巩固阶段**

在这个阶段，你已经到达了改变的最高点，你开始致力于创建健康的关系。你可能还会感到一些不适，比如内疚、羞愧和矛盾，但你不会让这些不适感阻碍你的选择。你意识到，在你的关系中，重新回到旧有模式的确充满诱惑，但你已经学会了通过坚持不懈的改变来抵御诱惑。

通过反复练习新的行为，你改变了你在有毒家庭中形成的不健康的行为习惯。当然，你不能一劳永逸，你得不断努力，因为改变是个持续的过程。

尽管你已经改变了，但你偶尔还是会又回到过去的思维模式或重现过去的行为。当这种情况发生时，你要对自己多一些宽容和理解。克服旧的模式确实很难，想要避免重蹈覆辙同样具有挑战性。要知道，没有人能永远不出错。

以凯莉一家人为例，凯莉与杰夫的关系正处于意向阶段，而她的另外两个同胞则处于保持巩固阶段。

每一个阶段并没有固定的时长,而且有些人会停滞在某个阶段。凯莉告诉我她的担忧:

- "别人会怎么想?"
- "除了我还有谁会帮他?"
- "他是我哥哥,我不能不跟他说话。"

### ● 别人会怎么想?

因为害怕别人会有不好的看法而继续留在不喜欢的环境中,这很常见。有些社会与文化会认为发生在家庭中的恶劣行为都是很正常的。因此,告诉别人你的决定是一个痛苦的过程,你肯定会担心,尽管你做的是对的选择,有些人还是无法接受。

*请记住*:在评判你与家人的关系时,别人会从他们自己的经历出发,而他们的经历与你的经历并不相同。每个人都是从自己的成长经历出发,从自己在学习和成长过程中形成的观点和信念出发来看待家庭规范的。

### ● 除了我还有谁会帮他?

如果你认为只有你会帮他,那这种状态会一直持续下去。人们有责任建立自己的支持系统,事事都为他着想反而会妨碍他自立。

*请记住*：退后一步是很好的方法，这样才会有其他人对那个让你操心太多的人提供支持，才能让他学着独立。

◊ **他是我哥哥，我不能不跟他说话。**

爱家人没有错，但无论他在你生活中是什么样的角色，都绝不能允许他虐待你。包括兄弟姐妹、父母、姑姑/姨妈、叔伯/舅舅、祖父母/外祖父母和堂/表兄弟姐妹等等，他们没有任何权利对你不好。

*请记住*：无论对方在你的生活中扮演什么角色，虐待都是极不健康的行为。

## 成年人应当自己做决定

小时候我超迷肥皂剧。皮博·布赖森（Peabo Bryson）给电视剧《只此一生》（*One Life to Live*）唱的插曲，歌词里有一句话是："因为我们只有这一生！"是的。你只有一次生命，你——只有你——能让你的人生称心如意。

作为成年人，你可以决定：

- 在哪里工作
- 谁做你的伴侣
- 吃什么

- 允许谁来家里做客
- 如何安排时间
- 如何养育孩子
- 允许谁出现在你的生活中

我小时候最大的不满就是凡事都得征求大人同意。每次去看电影之前都得先问父母："我能去看电影吗？"我等不及快点长大，希望有一天我可以不用问任何人的意见，直接去看电影，或者在我不想去亲戚家做客时可以果断拒绝。选择权即自由。你可能觉得你无法选择你的家人，但实际上你有选择权。当然，有时选择很艰难，但不选择也是一种选择——被动的选择。作为成年人，你可以选择自己想要什么样的生活与关系。每天与你朝夕相处的人是你自己，一辈子与你在一起时间最久的人也是你自己。

📖 选择权即自由。

如果你决定与家人在一起，而你与他们的关系又比较复杂，请记住：

- 你可以接受别人本来的样子，但不必容忍别人不健康的行为。
- 你可以决定与人交往的程度和时间。
- 你可以决定哪些话题是不能碰的。
- 如果有人提到禁忌话题，你可以打断、叫停。
- 你可以选择不参与激烈的对话、争论，不去传播流言蜚语。

## 不要让恐惧成为指引你的力量

"我不想要孩子，因为我不想让他们跟我活得一样糟。"特丽莎说。童年的时候，母亲时时刻刻让她感到很恐惧，她害怕自己将来也会这样对待孩子，所以她决定不要孩子。

人们害怕未知的、无法控制的事物，还有对未来的消极假设，所以，人们通常会陷入不健康的模式。有意识地觉察能帮助我们摆脱循环重演，把注意力转移到积极的假设上。

### 消极假设

- "如果我有了孩子，我可能会像我妈妈当年对我那样对他们。"
- "如果我让我妈妈别再跟我说她和姨妈的事，她肯定很生气。"
- "如果我不参加周日的家庭聚餐，他们一定觉得我很自私。"

## 积极假设

> - "如果我有孩子,我绝不会重复上一代的虐待行为。"
> - "如果我让我妈妈别再跟我说她和姨妈的事,我就不会再听到那些负能量的话。"
> - "如果我不参加周日的家庭聚餐,我就能跟喜欢的亲戚单独待着。"

## 我们决心改变的原因

当你对那些不健康的行为感到身心俱疲、忍无可忍时,改变就发生了。

### 你受够了

改变的最普遍的原因就是你受够了。你受够了总是有同样的感受,总是出现同样的问题,总是要面对同样的行为,一成不变。总而言之,当你受够了你所处的环境时,你就会改变。

### 你总算吃到了惨痛的教训

人们常说"经验是最好的老师"。一旦你认识到,再这样继续下去你只会吃更多同样的苦头,改变就成了唯一的出路——不是改变别人，而是有意识地做出选择，不再让自己受到伤害。所以你选择退出这个循环。

**不改变会影响你的生活质量**

选择爱自己是通往你渴望的人生的唯一道路。有时，维持现状意味着你选择了机能不全模式。

**重大事件促使你做出改变**

比如说，你当了父母，你不想让孩子遭受同样的痛苦，这能促使你做出改变。让孩子远离那些伤害过你且毫无悔改之心的人，你就是在打破代际循环——让孩子免受和你一样的伤害。此外，亲密关系也会改变你对家庭关系的看法。为了保护不可侵犯的私人空间，当家庭关系渗入你的婚姻、友谊、与孩子的关系、工作等方面时，你自然会觉得改变家庭关系模式势在必行。

**让人继续维持机能不全模式的常见想法**

- "我不能给家人设定界限。"
- "血浓于水。"
- "这个世界上只有家人会无条件地支持你。"

> - "没有人比家人更爱你。"
> - "这是你的_____（姐姐、弟弟、姑姑、舅舅、姨妈等等），你必须跟他/她来往。"
> - "家里事绝不能往外说。"
> - "你只有一个_____（姐姐、弟弟、姑姑、舅舅、姨妈等等）。不管他/她做了什么，你都要原谅。"

这些说辞都是为了让你产生负罪感和羞耻感，从而让你认同不健康的关系、有害的信念。这些说辞并没有考虑到不健康的家庭关系会导致心理问题，妨碍你健康成长。因为"是一家人"就要忍受虐待，无论是谁让你这么做，他/她都没考虑到你的需求，他们考虑的是维持表面和谐的状态。

大多数家庭都存在问题，即使是健康的家庭。健康和不健康的家庭关系的区别在于如何处理问题。如果一个家庭掩盖、忽视、回避问题，它就是不健康的。如果一个家庭能正视问题，家庭人员承担了相应的责任，问题得到了解决，那么它就是健康的。

所有的关系中都或多或少存在着问题，但有些关系**令人痛苦**。生而为人，我们难免要面对各种挑战，但这些挑战绝不应该包括虐待、忽视和持续伤害。

**练习**

**拿出日记本或纸，回答下列提示性问题：**

1. 你是如何维护或支持家庭中的不健康行为的？

2. 参照94页的阶段图（图1），判断你的家庭关系处于哪个阶段。

3. 是什么让你决心改变家庭关系？

## 第七章

# 茁壮成长与挣扎求存

"我这个人不太长情。"惠特妮告诉我。32岁的她想改变自己的恋爱模式。她的每一段恋情都进展迅速,常常约会还没到三个月她就开始厌倦,另觅新欢。她内心深处希望能找到自己的"真命天子",但从行动来看,她显然在刻意逃避长久的承诺。

每次都是这样,相处半年后,当对方想要和她认真规划未来时,惠特妮却慢慢淡出关系。可她又不愿意把自己的想法直接告诉对方。最后两人总会大闹一场,不欢而散。

在惠特妮的成长过程中,她的父母经常吵闹。在惠特妮16岁那年,他们终于离婚了,直到今天,他们仍然水火不容。父母分分合合的相处模式并没有教会惠特妮如何维持健康的亲密关系。尽管她讨厌父母吵个不停的相处方式，可她正在以自己的模式走他们的老路。

后来惠特妮遇到了杰克，杰克直接告诉她，她说的那些话纯属胡扯，他可不吃她这一套。在这之前，从来没人这样说过她。杰克建议她冷静一段时间，好好思考一下。这段关系让惠特妮看到了自己的另一面，这让她感到害怕、脆弱。但她内心还是想和杰克在一起。

她知道，她必须找到父母以外的榜样。母亲经常说惠特妮"跟她父亲一样"，惠特妮很讨厌母亲这样说她。但从某些方面来看，这是事实。她知道自己必须学习如何与另一半相处，因为撒谎、欺骗和消极对抗这些老伎俩已经没用了。

惠特妮决定开始接受心理治疗，她知道，想要坚持改变，她需要支持。多年来，她一直把自己的感情问题归咎于另一半，但通过治疗，她认识到自己也有很多问题。她逐渐明白她是在模仿不健康的关系模式，所以她要努力摆脱这种模式，学习建立健康的亲密关系。

## 茁壮成长与挣扎求存

我养了一些绿植，我会注意这些植物什么时候能茁壮成长（枝繁叶茂，让人喜出望外），什么时候只是挣扎求存（无精打采、蔫头耷脑）。一个人在机能不全的环境中长大，难免会受到影响，但有人挣扎求存，也有人能茁壮成长。在上一章，我们讨论了人们为什么会接受机能不全的模式、具体有什么表现以及改变所带来的挑战。我们都知道，在有毒家庭长大的人只是"挣扎求存"，但我们很少认识到，即便处于这样的环境，一个人依然可以茁壮成长。

茁壮成长能说明什么？说明环境的确对人有影响，但我们的个性、决心和信念可以克服外部条件的不足。虽然我们无法断言，如果在不同的环境中成长，我们会成为什么样的人，但有些人确实非常坚毅顽强，能经受住外界环境的考验。

不重复恶性循环，那只能算是挣扎求存；开辟新的道路，创造新的传统，这才是茁壮成长。是否有意识地觉察和努力是茁壮成长者与挣扎求存者的区别所在。你可以有意识地创造一种不同的生活，也就是成为"循环打破者"（cyclebreaker）。

> 开辟新的道路，创造新的传统，你才能茁壮成长。

## 循环打破者

循环打破者是指有意识地打破家庭机能不全模式的人。率先改变的人往往会遭到其他人的抵制，因为你在挑战家庭的观念和规范。

"敢为家庭先"并不容易，因为要想成功，你得自己找寻方法，没有现成的指南告诉你要如何去做。你要学着成为和其他家庭成员不同的人，有时甚至得不到家人的支持。循环打破者愿意放弃那些没用的东西，渴望跳出舒适圈，创造最适合自己的生活。

**循环打破者要面对的挑战**

- 始终为自己做出最好的决定
- 应对"挣扎求存者"的内疚或悔恨情绪
- 应对冒充者综合征
- 建立健康的支持体系
- 坦诚地讲出自己的经历，无惧别人的评价
- 找到与自己有相似经历的人群
- 照顾好自己
- 学会与在传统家庭中长大的人相处
- 学会适应自己从未生活过的环境
- 限制自己帮助别人的次数与方式

有时，决定改变自己意味着你必须与那些尚未改变或继续不健康行为的人保持距离。如果你的家人没有与你共同改变，离开他们可能会给你带来挑战，你也许会被家人排斥在外。

你所做出的改变会影响别人对你的看法。循环打破者在意自己与家人的家庭关系，他们知道，如果自己能茁壮成长，家庭关系也会发生变化。如果你是家庭中的"循环打破者"，其他人可能很难接受这种变化，因为他们可能比你自己还了解你。他们很难抛下对你固有的印象。你正在学着做你自己，而那些一厢情愿地只看到你某一面（能满足他们需求的那一面）的人很难接受你的改变。

**在有毒家庭中，改变会被视为一种攻击**

别人会觉得你改变是在针对他们，因为它暗示着，既然你在改变，其他人也需要改变。

如果别人因为你的改变而排斥你，他们也许会这么说：

- "你觉得你比我们强是吧。"
- "以前你不是这样，现在是怎么了？"
- "你过去的生活已经很好了。"
- "你这么做真的很离谱。"

就算别人对你的改变非常不满，你也不必耿耿于怀。记住，改变很困难，如果别人抗拒改变，他们自然会批评、指责你。

开诚布公地谈论家庭矛盾需要很大的勇气，更难的是，你不能强迫别人像你一样勇敢。

## 把自己看作受害者比掌控自己的人生更容易

别人可以伤害我们，但我们不一定要当受害者。别人怎么做是他们的事，你没必要用他们的行为定义你的人生。受害者往往认为自己无能为力，即便在拥有绝对选择权的情况下也是如此。我听到过一个40岁的人说："我这辈子也上不了大学，因为父母根本不支持我。"她没有掌控自己人生的能力，即使到了40岁，她仍然要父母为她的人生负责。

你不是你的处境的受害者。你可以选择成为什么样的人，尽管你所处的环境会影响你。尽管你经历过创伤，但这些并不能代表你的全部。尽管有毒家庭影响了你的自信和尝试的渴望，你仍然可以通过努力变得自信。

受害者是这么说话的：

- "我的父母从没教过我＿＿＿＿，所以，我做不到＿＿＿＿。"
- "我从来没学过＿＿＿＿，所以这不是我的错。"
- "都是受我父母的影响，我也无能为力。"
- "变成今天这样不是我的问题。"

**如何打破"受害者模式"**

- 不要为那些你可以控制的事找借口
- 无论发生了什么都要继续前进
- 学会释怀,放下怨恨
- 承认自己并不完美
- 尝试把你学到的东西应用于实践之中
- 学着建立自信
- 不要拿自己跟别人比
- 找出更好的照顾自己的方法
- 了解自己的感受,并学会表达
- 尽量不要自怨自艾(自怨自艾会让你止步不前)
- 确定你能控制哪些事(拥有自己的力量)

摆脱受害者身份,为自己的人生承担起责任的最好办法,就是思考你从你的经历中学到了什么。比如:

- 我的父母都是工作狂,所以我才有机会跟其他长辈走得很近,他们就相当于我的父母。
- 父母没有耐心听我说话,所以我学会了说话简明扼要。

而本章开头提到的惠特妮可以这样学着承担责任：

○ 我的父母没有教会我如何维持健康的人际关系，但我可以通过阅读，通过多接触那些能保持健康关系的同龄人以及去看心理医生来学习更多知识。

自己主动去学习那些从来没有人教给你的东西，这是成为循环打破者最有效的方法之一。

## 成为你自己最好的老师

首先，要向内看，了解你的家庭关系有哪些不好的地方。相信自己，哪里有问题、哪里不对劲你都能感觉到。你不需要别人帮你确认。

你需要回答的最重要的问题是：你想要什么样的生活？请记住，你现在的家庭生活也许无法给你你想要的东西。

你可能是家里第一个这样做的人：

○ 做出健康的关系选择

○ 自己做决定

○ 设定界限

○ 让别人承担起他应当承担的责任

- 不上大学
- 不生孩子
- 选择信奉不同的宗教
- 选择不信教
- 挑战现状
- 不结婚
- 接受心理治疗
- 疗愈心理创伤

## 在发现自己有不健康的表现时,如何预防机能不全

如果你是在有毒家庭中长大的,你可能意识不到什么样的表现是机能不全。不要为此而自责,而要努力提高你的觉察力。

觉察能让你看到自己哪里需要改变。你也许发现你在模仿别人身上你并不喜欢的行为,这会促使你做出改变,因为你很容易就能看清自己哪里需要改变。但是,光是察觉并不能带来改变,你还需要行动。

改变环境带来的影响,你可以这样做:

### ◆ 认识到你想要改变的地方

把你想改变的家庭模式或问题列出来,这也许对你有帮助。

看一下清单，想想这些问题目前是如何影响你的，以及你从别人那里学会了哪些你其实并不喜欢的行为。

### ● 为自己的问题负责但不要自责

以前，你并不知道你没意识到自己的问题。现在，你开始觉察到你的问题并把握住改变的机会。的确，你的家庭对你有影响，但如果不改变，就意味着你选择了维持现状。你拒绝改变你能改变的，那么这就不再是别人的问题，而是你自己的问题。

### ● 循序渐进

不要想着一蹴而就地彻底改变你的生活，你可以从细节入手，慢慢改变你的说话方式、想法和行为。

如果你是在不健康的家庭中长大的，成年后你可以：

- 建立一个充满爱心和支持的社交圈（朋友、邻居、长辈等）
- 与人相处时设定界限，明确你能／不能接受哪些行为
- 确定原生家庭中的哪些关系值得维持
- 在家庭之外寻找榜样，并向他们学习
- 确立新的家庭节日传统

- 保留童年时期健康的部分，摈弃不健康的部分
- 寻找和你一样正在疗愈创伤的社交群体（你并不孤单）

**做家庭吹哨人**

问题之所以会浮出水面，通常是因为有勇敢的人愿意撼动原有模式并指出问题。你要成为这样的人。与其他家庭成员相比，你与外界也许接触得更多，因此，你也许更了解健康的育儿方式，你知道如何在不自我麻醉的情况下管理好情绪，如何管理好财务。你不必告诉别人他们需要改变，而是可以委婉地让他们知道，你无法再忍受哪些行为。

在一个有毒家庭中实现小小的改变，就像如下这些例子：

- 莉兹从未听母亲说过"我爱你"。长大后的莉兹开始主动对母亲说"我爱你"，这样做几个月后，母亲也开始对她说"我也爱你"。
- 小时候，布伦特哪怕只犯了点小错也会挨父母打。他做了父亲以后，从来不打自己的孩子。每次父母对他的新育儿方式提出反对意见，他就会告诉他们，他不想延续他们的做法。

家庭不是你唯一的老师，你还有很多学习的途径。你要主动在家庭之外寻找健康的生活方式。"没人教过我"并不是你放弃

的理由。

除了家庭，你还可以通过以下途径学习：

- 阅读书籍、报纸和杂志
- 听播客
- 看电视
- 观察其他人是如何与家人相处的
- 了解不同的文化
- 旅行
- 心理治疗（个人的、夫妻的、团体的）
- 使用社交媒体

如果你的家庭关系比较复杂，以下情况很常见：

**你会嫉妒那些家庭关系更健康、更完美的人。** 看到别人过上你渴望的生活，你会很痛苦。但你要记住，你无法选择你的家庭，他们的家庭也不是他们选的。当你发现自己嫉妒时，要注意疏散你的负能量。要善待自己，不要让嫉妒情绪控制你。

**你很想知道，如果你的经历不同，你会不会跟现在不一样。** 玩"假设"游戏其实很危险，因为它会让你陷入你无法控制的幻想。

**闭口不谈你的家人，因为你觉得别人根本不会理解你。**有些人明明对别人的遭遇一无所知，却总爱出谋划策，他们会告诉你应该怎样与家人相处。对这种人，最简单的办法就是充耳不闻、视而不见，不过这很难做到。你不妨直接回应他们，让他们知道你不需要他们指手画脚。

如果有人不同意你对家庭的看法，你可以这么回答：

- "我的家庭与你的似乎不太一样。我理解你的想法，也希望你能理解我的想法。"
- "每个家庭都不一样。"
- "不用告诉我如何与家人相处。"
- "这就是我处理和家人的问题的方式。"

**为了追求和平相处而故意回避关系中的重大问题。**为了和平相处，你可能会对关系中的重大问题视若无睹。但如果只是对方感到舒适而你并不舒适，那么这段关系谈不上和睦。长此以往，被回避的问题会越来越严重。

**假装一切都好。**表面一团和气对很多家庭来说都很重要。为了成为别人眼里的"正常"人，你可能会出于义务或依照社交标准而表现出不真实的行为。伪装是一种能减轻内疚感和羞愧感的应对策略。你会说服自己：如果一切看起来都挺好，那实际上也一定都挺好。比方说，你会在社交媒体上发文章和照片，描绘你和母亲的融洽关系，而实际情况可能恰恰相反。

**想要成为和家庭成员截然不同的人。**没必要全盘否定他们，即便是在不健康的模式中，也存在一些值得肯定的地方。朱莉告诉我："我的母亲是个工作狂，但每天睡前她都会挤出时间哄我们睡觉。"

**努力与家人保持健康的关系。**与家人保持健康的关系其实很难，尤其是如果你曾受到过家人伤害的话。作为成年人，要找到与这些家庭成员共处的方式也许会很困难。请记住，"正常"的家庭并没有固定的标准——关键在于你自己的感觉。偶尔联系是正常的，每天见面也是正常的，这由你自己决定。

---

**练习**

拿出日记本或纸，回答下列提示性问题：

1. 你有哪些习惯与原生家庭的习惯相似？
2. 你尝试在家庭中做出过哪些微小的改变？
3. 你对"正常"家庭的定义是什么？

## 第八章

# 如何与不愿改变的人搞好关系

在蒂法妮童年的时候,她的母亲丽塔总是陷入财务危机。她们曾被赶出过家门,也被断过好多次水电,只能投奔亲戚,寄人篱下。外婆经常收留她们,帮她们渡过难关,但十年前外婆去世了。于是,照顾母亲的责任就落在了蒂法妮肩上。这七年来,她们的生活就像坐过山车一样。每次丽塔搬进她自己的房子还没住上几个月,就会又回到蒂法妮那里,因为她入不敷出。丽塔有一份全职工作,但她不会理财。蒂法妮觉得自己以后恐怕得一直贴补母亲,她为此感到很烦恼,因为她是个单亲妈妈,还要独自抚养两个孩子。

蒂法妮上大学时就利用课余时间打工赚钱,寄给母亲。这种朝不保夕的生活让蒂法妮下定决心,绝不能走母亲的老路。她省吃俭用，每笔花销都记得清清楚楚，按时还信用卡，把攒下来的钱都存进银行，因为她想给自己和孩子创造不同的未来。

但与此同时，蒂法妮又觉得自己有义务帮助母亲。母亲虽然不擅长理财，但在其他方面还算是一个合格的母亲，而蒂法妮的父亲从未出现过，也没有给过她们任何财务上的帮助。蒂法妮很难接受母亲的生活方式，经常提醒她不要乱花钱，但丽塔每次都让女儿很失望。

蒂法妮知道，母亲向来如此，她觉得这是因为母亲不愿意听她的建议。蒂法妮并没有意识到，母亲的内心深处有需要克服的障碍。蒂法妮希望自己能不带着怨恨的情绪支持和帮助母亲。

蒂法妮需要认识到，下面这两件事并不矛盾：你爱你的家人，但同时又因为和家人的关系而受到伤害。蒂法妮既感到被母亲伤害，同时又很爱自己的母亲，她需要接受这两种复杂情感的共存。

## 所谓父母，只不过是有孩子的"人"

请记住，在有孩子之前，父母和我们一样，都是普普通通的一个"人"。养育的过程并不一定会让父母变得更有责任感、更有智慧、更宽容、更平和。成为父母之后和生孩子之前没有任何区别，他们现在只是有孩子的"人"而已。

如果我们能把父母看作超越自己的父母角色而存在的人，说明我们成长了。在成为蒂法妮的母亲之前，丽塔是没有孩子的丽塔。当她不需要照顾别人时，她的花钱习惯不会影响到她的生活。而如今，她的支出里多出了育儿的费用，她需要负责孩子的日常开销，那么她过去的消费模式就出现了问题，导致她无法养活自己和孩子。

我们期望父母能超越自我，照顾我们，这合情合理，但他们终归还是本来的自己，除非他们做出改变。丽塔有可能改变，但前提是她必须愿意这样做。而人性很复杂，改变自己是个艰难的过程。

**你无法改变别人，所以不要抱有他们会改变的期望**

接纳并不容易，但能让我们的心态更平和。如果解决问题的办法是"他们需要改变"，那问题永远不会得到解决。你只能把自家门口打理好，而不能强迫邻居修剪草坪、清理垃圾等等。你只能在这段关系中尽自己的那一份力量，与那些不愿或不能改变的人共存。假如你不想离开对方，你需要一些方法来帮助你接纳现状。

人不是乐高积木，你无法把他们"搭"成你想要的样子。接纳意味着允许他们成为他们自己，无论你是否喜欢。接纳并不是放弃，而是承认现状并获得内心的平静。拒绝接纳会让人际关系陷入持久的混乱。接纳并不意味着你必须忍受影响到你的行为，而是要选择如何面对别人身上你无法改变的部分。

我在底特律的公立学校读七年级时，老师在新学年的第一学期对我们说，如果班上有人打架，她不会出面制止。当时我的想法是，"那恐怕班上人人都会打架"，但事实恰恰相反。一年下来，班上就只出过一次乱子。

### ❖ 你只能把自家门口打理好。

孩子们或许想打架，但他们知道大人会制止。现在老师竟然允许打架，那孩子们就会思考，如果没人干预，在教室这样的环境里引起骚乱是否合适。老师接受了初中生难免会打架的事实，她让我们自己做决定，是否要努力让自己变得更好。我们要允许别人改变，但不要告诉他们需要改变什么。

**无法改变他人时要设定界限**

如果别人无法改变，我们只能改变自己的应对方式。比如，我的初中老师的应对方式是，"我不能因为阻止打架让自己受伤"。

对蒂法妮来说，健康的界限应该是这样的：

- 如果母亲能帮忙照顾两个孩子，那就允许她跟他们一起住
- 每月预留一笔钱给母亲
- 邀请母亲过来跟他们长住，结束这种反复搬家的生活
- 接受心理治疗，处理自己的怨恨情绪

而不健康的界限则是这样的：

- 强迫母亲节约开支
- 每次母亲过度消费时就指责她
- 用羞辱母亲的方式让她改变

**羞辱并不会让别人变得更好**

研究发现，羞辱孩子非但不能给孩子带来积极的改变，反而会让他们更具攻击性。无论是儿童还是成年人，羞辱都会降低他们的自尊，会导致他们出现更多你不认可的行为。许多研究表明，羞辱肥胖者会让他们的体重增加。羞辱不是个好办法，但很多人仍然用羞辱来迫使别人改变。

在电影《全金属外壳》(*Full Metal Jacket*)中，有个士兵运动神经不发达，常常犯错，在训练中遭到战友们的羞辱和嘲笑，结果这个士兵精神崩溃、杀人，最后自杀身亡。

再说一遍，羞辱并不能促使人改变，只会让人感觉自己很糟糕。我们必须面对现实：人们有时可以改变，有时则不能。在不了解内情的情况下，我们很难判断谁能改变，谁不能改变，我们也并不知道别人面临着什么样的屏障，有怎样的经历。迫使别人改变会让我们偏离自己的初衷：改变自己**可以控制**的事。

**尽你的那份力**

很多时候，人们会滞留在不健康的关系中继续挣扎，是因为他们没有让关系变得更健康的方法。他们相信，要想改善关系，唯一的办法就是让**对方**改变。

你可以改变你对他人能力的看法、修正你的期望、开启能改变关系的艰难对话，但无论你如何努力，你也无法改变别人。也许有人曾经因为别人而改变，但这种改变往往不会持久，因为他们只是在假装，不可能保持很长时间。为了迎合别人而假装其实很难。地球上的每个人，包括你的父母和兄弟姐妹，都有权按他们自己的心意生活。也许你很难接受这一点，但你必须接受，这样你才不会因为别人达不到自己的期望而与他们产生矛盾。

**如果别人不愿意改变，那你可以改变什么**

◆ 你对别人能力的看法

贾森·维图格（Jason Vitug）的《你只活一次》(*You Only Live Once*)是我最喜欢的理财书籍之一，书中谈到理财的原则——关键在于心态。蒂法妮试图改变她母亲的心态，但丽塔没有这个意愿，虽然她已经尝到了过度消费的苦果，但她还是没有准备好改变。

也许蒂法妮这样想会有帮助：

- 金钱管理很难，所以才会有那么多关于这个主题的书籍。
- 旧习难改。
- 改变看似容易，实则很难。

### ♦ 你的期望

有期望很正常，但期望应该符合对方的个人身份，而不是他在你生活中扮演的角色。比如，我们不能期望一个人成为父母后就知道如何做金钱管理。成为父母并不会让人自动具备金钱管理的技能。

也许蒂法妮这样想会有帮助：

- "我母亲很不擅长理财。"
- "我母亲不愿改变她的观念。"
- "我母亲很多事都做得很好，但理财的确不是她的强项。"

### ♦ 你的对话与表述

不要再假装一切都很好，也不要再为了维持表面的和睦而保持沉默。健康的关系需要态度鲜明的对话和明确的界限。

也许蒂法妮这样做会有帮助：

- 如何帮助母亲以及如何表达态度：

"我愿意让你长期住在我这里。"

"你可以和我一起住一年，一年后，我希望你能搬出去。"

- 如何表达期望：

"我希望你住在我这里时能负责支付电费。"

"做好家庭预算对我俩都有帮助。"

- 母亲在财务问题上越界时如何处理：

"你同意支付电费的，可现在已经欠费了。请在周五之前把钱给我。"

"我们说好了，每周二你帮忙照看孩子。下次请你安排好时间。"

## 帮助与纵容

在帮助他人时，必须明白帮助与纵容的区别。简而言之，帮助他人不会对你造成损害，但纵容会。

以下做法就是在纵容别人，有害无益：

- 为别人的消极选择开脱
- 别人明明有问题，你却视而不见
- 替别人做他们自己能做的事

- 替别人寻找解决方案，而不是让他们自己想办法
- 自己经济并不宽裕，却还要借钱给别人
- 不让别人为他们自己的行为负责
- 对别人有求必应，没有界限

## 保持距离是一种应对策略

如果你对某段关系很矛盾，既不想继续，又没准备好离开，那不妨与对方拉开一些距离。保持距离是一种策略。你可以先迈出一小步，从减少与对方的接触开始。

如果你告诉家人，你需要点自己的空间，那么通常会有两种结果：要么你的要求得到尊重，要么你们的关系变僵。根据家人过去的反应，你会知道，哪些家人能平心静气地跟你聊聊，如果你稍微拉开些距离，哪些家人能更好地理解你。

需要拉开距离的原因如下：

- 与对方相处让你觉得很累
- 与对方在一起时，你很容易感到沮丧，变得暴躁
- 你觉得对方没有遵守你的界限
- 你跟对方在一起时不能放松地做自己
- 你进入了人生新的阶段

如果你的兴趣爱好或者最在意的东西发生了变化，那你也会选择和不同的人相处。比如，假如你对养花产生兴趣，那你会选择与同样喜欢养花的人在一起。同理，如果你的朋友都在闹离婚，而你的婚姻很幸福，那你也许就不想再和他们相处。你可以关注自己的需求，暂缓片刻。

但你要认识到，对别人不理不睬与刻意拉开距离是两回事。虽然这两种做法都能让你拥有更多的个人空间，但对别人不理不睬是被动且缺乏目的性的行为，而拉开距离是有意而为之，目的是更好地维持关系。

拉开距离是这样：

- 把对方电话转到语音信箱，在你做好准备的合适时间再给对方回电话
- 把谈话从你不喜欢讨论的话题上引开
- 直接拒绝对方的邀请
- 不让对方参与你生活的某些方面

不理不睬则是这样：

- 跟对方不联系
- 完全把对方"拒之门外"

◎ 对方向你提出请求时你无动于衷

如果能拉开距离，那么只要对方尊重你的界限，你就可以在保持关系的同时拥有自己的空间。当然，在不健康的关系中，对方并不尊重你的界限，你也就无法选择保持距离。减少与人接触的次数也是保持关系的方法。

**转变角色**

就算人们习惯了你的行事风格，你也不必一成不变。也许过去你总是替别人担责任，总是寡言少语，但这并不意味着你得一直如此。抛开别人给你贴的标签，你真正的自我是怎样的？你可以从做自己开始，以此来转变你在家庭中的角色。

一开始，其他家庭成员会惊讶于你的变化。就让他们惊讶吧，不要做回原来的你——那个与你现在试图在家庭中创造的形象不契合的你。

**接纳能让你的心态变得平和**

我要再次强调一遍接纳的重要性：允许别人做他们自己，不要因为别人违背了你的意愿而恼火。如果别人不改变，你可以改变你回应他们的方式。蒂法妮决心不再为母亲花钱如流水而生气，她找到了内心的平静。当然，这不是说她对母亲的行为视而不见，也不是说她允许母亲的行为伤害到她。

如果你不确定该如何应对，想想过去遇到讨厌的行为时你是怎么处理的，然后尝试用不同的方法。想想看，如果将来出现类似的情况，哪些应对方式比较合适，然后从小处开始改变，以一种让你感觉良好的方式回应对方，而不是回到固有的不健康模式中。

### 🕮 如果别人不改变，你可以改变你回应他们的方式。

别人的行为让你觉得烦恼其实很正常，你不必假装很好。然而，接受现实和转变自己的角色可以让你少些烦恼。

如果你想和那些不愿意改变的人保持关系，那你必须做出改变。你必须努力接受现实，对你无法控制的事要有耐心。记住，是你自己选择去面对那些有问题的行为。你选择保持这段关系，因为你觉得这么做值得，所以你选择了留下，而这意味着你得努力接受对方。

你无法选择你的家人，但你可以决定让谁出现在你的生活中。成年人的一切关系都是一种选择。没人强迫你留在不健康的关系中。除非你下定决心做出其他选择，否则你还会遇到同样的问题。

◆ 成年人的一切关系都是一种选择。

*对自己说*："无论这段关系如何，我都选择留在这段关系中。我没有被束缚住，我也不是无能为力，这是我自己的选择。"

### 练习

拿出日记本或纸，回答下列提示性问题：

1. 你曾试图改变家庭成员的哪些方面？
2. 你需要如何改变你处理问题行为的方式？
3. 在与人相处的过程中，你能够控制什么？

## 第九章

# 别人不愿意改变时该如何结束关系

雅各布的父母离婚了,父亲布鲁斯偶尔会出现在他的生活中。父亲似乎有创伤后应激障碍和抑郁症症状,但没有确诊。他经常焦躁不安、疑神疑鬼、出口不逊或者对人不理不睬,大家都觉得他很难相处。每个人(除了布鲁斯自己)都知道他有心理问题,也只能接受。在家庭聚会上,他经常大吵大闹,出尽洋相。

雅各布实在是受够了父亲不断制造混乱,他打算跟父亲切断联系。他试了好几种办法,从改变自己到接受现状再到无视父亲的无礼行为,可父亲的行为似乎越来越过分,雅各布只能不断原谅,不断接受。

雅各布试图说服父亲去看心理医生,但父亲对此很抵触,他总把自己的问题归咎于他人。有时,他会说这都是他的成长环境的问题，有时他又会怪罪别人对他不好。每次雅各布想找他聊聊关键问题时，布鲁斯都一言不发，后来干脆消失几周甚至几个月。

雅各布也考虑过，断绝父子关系会对家里其他人造成怎样的影响，但他实在是受够了，他想要平静的生活。他只希望牵连到的人越少越好，希望能把伤害降到最低。

## 心理问题对人际关系的影响

每个人的心理状况都会时好时坏，但有些人的心理问题非常严重，以至于影响了他们维持健康人际关系的能力。迈克尔·D.雅普克博士在他的《抑郁症会传染——最常见的心境障碍是如何在全世界蔓延的以及如何阻止它》一书中探讨了父母的心理状况对子女的影响。他发现，当母亲抑郁时，依恋关系就会受到损害，例如，母亲与孩子说话的次数减少，无法给孩子支持，或者与孩子情感疏离。

目前与心理治疗相关的大多数统计数据都是以被确诊为有心理问题的人为样本，然而，还有许多人虽未确诊，但其严重程度已足以影响他们的人际关系。在许多不健康的关系中，心理问题被忽视且得不到治疗，而如果我们假装问题不存在，问题就无法解决。当然，只是确诊也并不能保证一个人能更好地处理关系。

有些家庭会纵容有病态心理的家人，而不是真正去帮助他们。从小到大，我所接受的教育是，我们需要照顾有心理问题的人，接纳他们，因为"他们就是这样"。可有时候，"他们就是这样"

意味着辱骂、鄙视、冷嘲热讽和蓄意伤害。如果我们不为他们开脱，而是鼓励他们去寻求他们所需要的心理支持，会怎样呢？

这会是一个挑战，因为对大多数家庭而言，心理治疗仍然是禁忌。一个人决定接受治疗，整个家庭都会受到影响，因为个人的改变会影响整个家庭系统。而如果不寻求治疗，家庭就只能反复处理同样的问题。抑郁、焦虑、心境障碍、人格障碍等心理问题往往是导致关系破裂的主要原因。

**抑郁症**

抑郁症的严重程度并不相同。有些人虽然患有抑郁症，但仍能正常生活，而有些人则被抑郁症折磨，无法正常生活。

在人际关系中，抑郁症患者可能表现为：

- 经常没来由地哭泣
- 对曾经很喜欢的事丧失兴趣
- 玩消失（突然消失，不履行任何责任）
- 孤僻，不喜欢跟人待在一起
- 容易被激怒，变得焦躁
- 总是很生气
- 忧郁症经常发作
- 不承担责任

◎ 不愿付出情感

**焦虑症**

社交恐惧症、创伤后应激障碍和一般焦虑症也会对人际关系产生不利影响。焦虑会让人思绪万千、忧心忡忡，对过去或未来过度关注，甚至会导致身体不适，如腹泻和皮疹。大多数人或多或少会感到焦虑，少数人的焦虑会严重到影响生活。

在人际关系中，焦虑症患者可能表现为：

◎ 不参加社交聚会

◎ 行为表现不一致

◎ 长期存在情绪困扰

◎ 越界，侵犯到别人

◎ 做出承诺却不兑现

◎ 自我破坏或伤害他人

◎ 言行非常偏执

**人格障碍**

边缘型人格障碍、自恋型人格障碍和依赖型人格障碍都会对人际关系造成极大的冲击。与抑郁症或焦虑症不同，人格障碍会影响到更多方面。有人格障碍的人很难维护好人际关系——不仅是与家人的关系，还包括与朋友、伴侣和同事的关系。

在人际关系中，人格障碍患者可能表现为：

- 指责他人
- 反应过于强烈
- 捏造事实
- 长期煤气灯操纵他人
- 做不到尊重界限、不越界
- 难以做出健康的决定
- 行为多变
- 以自我为中心

只要别人没确诊，我们就不认定别人有心理问题，这样做并没有帮助。你应该关注你所看到的行为以及这些行为如何影响了你和对方的关系。别人如何管理自己的心理健康是他们的事，你没办法控制。通常情况下，人们会接受心理治疗，但至于效果如何，多久能看到效果，并不一定会如你所愿。你能做的就是保持自己心理健康。

**如果家人虐待你**

人们常说"无论如何你都要爱你的家人"，但他们可能并不理解，也不知道是什么让你疏远家人或与家人断绝来往。作为家人并不意味着所有行为都能被原谅，在家庭关系中，同样存在伤害，需要有人承担后果。

对于某些家人来说，既能爱他们又让我们自己过得好的唯一办法，就是远离他们。这样做就相当于选择了自我保护和自我关爱。这不是简简单单的选择，但对你来说也许是最健康的选择。请记住，"爱"是一个动词，维持关系需要的是行动。如果没有积极的行动来支持这段关系，你就会丧失维持它的能力。因此，如果留在这段关系里对你来说更困难，离开就是唯一的选择。

作为一名心理治疗师，我见过有人为了维持与家人不健康的关系而患上抑郁症、焦虑症等严重的心理疾病。人天生倾向于维持关系、维持原状，因此我们会继续坚持，期待能有所改变。如果你已经到了想要切断联系的地步，那说明很可能你已经想尽了办法来维持这段关系。

*记住*：不必因为别人和你有血缘关系就默默忍受他们的虐待，也不必因为你们有共同的历史就选择留在不健康的人际关系中。健康的人际关系植根于爱、相互尊重和联结。问问自己：这样的关系与我的价值观、生活目标是否一致？

## 疏远

与一个或多个家庭成员断绝来往被称为疏远，疏远比我们想象的更普遍。疏远可以是短期的，相当于按下暂停键，也可能是长期的，也就是说其中一方（或双方）并不打算和解。

疏远有两种类型：主动的情感分离与完全终止所有联系的物理隔绝。

疏远有时会显得很突然，但实际上选择离开的人早就已经受够了。因此，它并不是突如其来的，三观不合、互不信任、混乱和/或创伤的种子已埋藏多年。

有些人会因为家庭不和而感到羞耻或难堪，他们努力维护家庭形象，希望别人看到的是和和美美的一家人。卡尔·皮勒默（Karl Pillemer）博士在他的《裂痕——家庭的破碎和修复》（*Fault Lines: Fractured Families and How to Mend Them*）一书中指出了造成家人疏远的六大原因：

1. 自童年起关系就存在问题
2. 离婚导致怨恨、敌意以及孩子艰难的选择（是跟父亲还是跟母亲）
3. 为金钱而发生矛盾，比如借贷问题、遗产分配问题
4. 需求得不到满足，一而再，再而三地越界
5. 信仰、生活方式和价值观存在差异
6. 与伴侣的家人之间存在长期矛盾

例如，母女疏远的主要原因是价值观的差异。离婚的母亲更有

可能与子女关系疏远，这很可能是因为父母的关系产生了负面影响。

## 处理疏远带来的内疚感

我在儿童寄养机构工作时发现，无论家庭状况多么糟糕，孩子也总是希望与家人在一起。他们想要原谅父母并继续与他们一起生活，因为父母永远都是"家人"。尽管受到虐待，但我们仍然与家庭有着深深的联结，仍然保持忠诚。因此，如果一个人决定与家人切断联系，其他人很可能不会接受。

在这种情况下，我们能感受到的主要情绪就是内疚。这很自然，因为我们生活的社会认同"血浓于水"的观念。其他人可能会认为你与家人切断联系实在是冷酷无情，但事实上，你受到了伤害，你的决定合情合理。

**当你与家人疏远后，可能会让你感到内疚的时刻**

- 节假日
- 生日
- 梦中
- 看到家庭老照片
- 家人去世、家庭重大事件的周年纪念日
- 看到别人的家庭关系很和睦

每个人都会从自己的角度看问题，家庭关系健康的人可能很难理解为什么有人会与家人切断联系。但一个人能够（应该）忍受多少痛苦只能由他自己而非别人决定。

**给家庭关系不好的人的几个提醒**

- 世上没有完美的家庭，你不是一个人
- 你没有义务与有毒的人建立关系
- 你不必喜欢家里的每一个人
- 你无法与那些根本不想建立健康关系的人建立健康的关系
- 说出你的真实想法不会背叛任何人，而是对自己的尊重
- 你不必与家庭中的其他人一样
- 你可以和与你没有血缘关系的人建立家人般的关系

◆ 你没有义务与有毒的人建立关系。

在遭受了多年的身体虐待和情感虐待后，杰米与母亲断绝了关系。她的朋友总是劝她"你就这么一个母亲"。类似的话让她感到无比内疚。她反复质疑自己的做法。可离开母亲后，她感觉更自在了，生活也平静了许多。

杰米可以这么跟朋友说：

- "你和你母亲的关系与我们的不一样，我不需要你告诉我怎么做。"
- "我是经过深思熟虑才决定与母亲切断联系的，对我来说，这是最健康的选择。"
- "我也不希望这样，但我别无选择。你不用告诉我该怎么做，那对我一点用都没有。"

你完全可以让别人知道，涉及你与他人的关系，尤其是你与那些曾经伤害过你的人的关系时，他们没资格对你指手画脚。一个人不可能只因一件事就决定与家人切断联系，毕竟这不是一个轻松的决定。通常情况下，这都是原谅了很多次，也努力了很多次之后的无奈选择。如果有人决定放弃扰乱他们心绪、给他们带来精神或情感压力的关系，我们应该给予理解和宽容，而不是进行评判。

当别人问起你和疏远的家人现在的关系时，你可以这样说：

- "我也努力了很多次，但我和父亲的关系还是无法挽回。"
- "我也不知道她过得怎么样，因为我们现在不跟对方说话。"
- "对我来说这是个敏感话题，因为我们已经没有关系了。"

你也可以避而不谈这个话题。夏洛特发现，当别人问起"你妈妈最近怎么样"时，直接说"她很好"比告诉对方她不再跟母亲来往更容易。如果说出实情，对方可能会追问："到底发生了什么？你们会和好吗？"也可能会急于发表自己的观点："无论如何，我都不会那样对我妈妈。"疏远不是个容易的选择，而是你不得不做的选择。总之，怎么让你感到舒适自在，你就怎么回答。

**内疚**

家庭关系比其他关系更复杂。在我们的社会观念中，大家普遍认同无论在什么情况下，家人都是可以原谅的。对待家人，你可以决定是原谅并继续保持来往，还是原谅并且放下，各走各的路。但无论是原谅还是忘记，都不会改变现状。

如果你的选择对你自己有益却让他人失望，你可能会感到内疚。但内疚并不意味着你做错了什么。

**幸存者内疚**

幸存者内疚是指你因为自己摆脱了不健康的环境并抛下其他人在那里而感到难过。实际上，如果别人没有伸出手，我们是无法提供任何帮助的。我们不能强迫别人去做在我们看来对他最有益的事，因为这违反了他的自由意志。

当我们试图为别人做超出自己能力范围的事情时，我们会因力不从心而痛苦。例如，有时，年长的哥哥姐姐会因为自己摆脱了混乱的家庭环境却把弟弟妹妹留下来而内疚。但为了陪伴他人而勉强留下一起忍受痛苦，这并不是有益的选择。从长远来看，如果弟弟妹妹真的需要帮助，离开后的你可能会更有能力去帮助他们。

珍妮特·沃尔斯（Jeannette Walls）在她的回忆录《玻璃城堡》(*The Glass Castle*)中描述了自己高中还没毕业就离家独自生活的经历，大多数弟弟妹妹后来也效仿她，离开了家。只有最小的妹妹选择留在父母身边直至成年。作为家中的老大，珍妮特·沃尔斯很舍不得弟弟妹妹，但她知道，就算留下来，她也救不了他们。与其和弟弟妹妹一起待在那个乌烟瘴气的家里，不如开启新的人生并鼓励他们也这么做。最终，她没能"拯救"最小的妹妹，因为那个妹妹并不向往自由。

并不是所有人都和我们有同样的目标，有些人可能现在还不具备改变的能力或条件，认识到这一点，会让我们放下内疚。

**有时候，一点点接触都会给你带来莫大的压力**

达娜这些年来一直在努力和哥哥卡洛斯好好相处。卡洛斯把她的东西据为己有，她原谅了他；卡洛斯向亲戚散布关于她的谣言，她原谅了他。后来，卡洛斯又给她施压，要求她多关心他，要经常来往。她做不到。她不想再给卡洛斯更多利用她的机会。达娜爱哥哥，但她受够了他的伤害。只保持距离根本没用，这只会让他想出更多办法接近她，从她那里获取好处。后来，父亲出面干预了，他坚持让达娜和卡洛斯多来往，因为"他是你哥哥"。

达娜感到焦虑、愤怒、委屈，随之而来的是头痛、注意力不集中，睡眠也出了问题。达娜并不想和哥哥断绝来往，但她知道这是解脱的唯一办法。如果一个人因为同样的行为反复道歉，那道歉也就失去了意义。总有一天，信任和宽恕会被消耗殆尽。

要想彻底摆脱这段关系，达娜可以试着这样跟父亲说：

- "别再劝我继续维持这段不健康的关系了。在你看来，无论发生什么，家庭就是一切。可这个家对我来说是痛苦的，我被家人利用、伤害，压力很大，你却还要求我继续忍受，这不是在支持我。我希望能得到你真正的支持，支持我做对我最有利的事，可能这需要你改变观念。我已经尽了最大努力和哥哥和解，我对哥哥还是有感情的，但现在我准备放弃了。"

如何对待与你断绝往来或疏远你的人：

- 当你想重新建立联系时，你也许会强迫对方和你说话。请尊重他们在疏远你、与你拉开距离时设定的界限。
- 接受心理治疗，帮助自己接受关系已经结束的事实。
- 在其他关系中做出必要的改变，使之保持健康。

**有毒的原谅**

有毒的原谅是一种不健康的应对方式，它是指假装没有受到伤害、假装释怀或忘记别人的过错。为了内心的平和或者为了讨好他人而原谅，对你的心理健康或人际关系都没有好处。你应该花点时间处理你的痛苦，慢慢重建信任，并决定你是否需要以不同的方式来处理关系。宽恕和遗忘并不是能让关系变好的切实可行的方法。

在大多数情况下，我们并不是真正地释怀和遗忘，而是在压抑自己。在家庭中，人们常常选择不去面对和处理出现的问题以及问题引发的情绪，也不会设想改变能带来怎样的变化。然而，如果不先处理和解决问题，就无法向前迈进。

**关于原谅的常见误区**

● **误区1：既然原谅了，就不能再提过去的事了**

有积压的情绪而不去处理是不健康的行为，所以即使选择原谅了别人，你仍然会想谈谈过去发生的事。只要经历过创伤事件，相关记忆就会继续困扰着你。想要从这样的经历中走出来，与心理方面的专家或值得信赖的人交谈会很有帮助，他们可以帮助你以有意义的方式理解这些感受。

然而，如果只是一遍遍地谈论过去，向朋友、家人发泄，而不是尝试着解决问题，这同样是不健康的。想要改善现状，你在发泄的同时也要努力了解事情的全貌，处理你的感受和想法，思考怎么做才能让你感觉更好并向前迈进。

### ♦ 误区2：既然原谅了，不健康的关系就能继续

原谅并不意味着和解。根据伤害的形式和程度，你可以选择原谅，但不必保持联系，大家各走各的路就好。原谅之后的关系要往哪个方向发展，这应该由你来决定。

### ♦ 误区3：既然这次能原谅，以后也应该能原谅

原谅并不意味着你要一次次地容忍同样的错误行为。任何人都无权反复伤害别人。原谅多少次、原谅后是继续相处还是切断联系，这都取决于你。原不原谅、原谅之后怎么处理，这都是你自己的选择。

### ♦ 误区4：既然原谅了，你就不会再感到难过或愤怒了

原谅并不意味着你要忽略别人的所作所为或者他们的行为给你带来的感受。密歇根大学的一项研究发现，处理烦恼情绪的最好办法是退后一步，站在旁观者的角度（可以使用第三人称）来谈论这些情绪。例如，"她婆婆批评她不做家务时，她为什么会有那样的感觉？"这里的"她"就是你自

己。让自己从体验中抽离可以帮助你客观地看待自己的情绪，最大限度地减少自怜，因为这种情绪会让你陷入困境，裹足不前。

- **误区 5：既然原谅了，你就得把不愉快的事统统忘掉**

你无法抹去你的记忆或感受，它们都会在你不舒服的时刻浮现。"原谅和忘记"只是一种表达方式，我们永远无法完全做到。你也许能原谅，创伤事件对你的冲击也许会减弱，但你永远无法彻底恢复。

## 为了内心的平静而原谅

最难原谅的人是那些不觉得自己伤害过你，既不道歉也不请求原谅的人。你会选择原谅他们是因为你想让这些不愉快赶紧过去，甩掉沉重的心理负担，不再因为他们而消耗自己的能量。原谅当然不是必选项，但它确实会让我们心里好受一些。通过宽恕他人，我们能获得内心的平静。

> 通过宽恕他人，我们能获得内心的平静。

尽管不是每个人、每件事都值得我们原谅，但原谅仍会让我们感到自由。请记住，这并不是对他人伤害行为的许可，也不是给他人再次伤害你的机会。原谅只是把你从他人的掌控中解脱出来，重新获得正能量。原谅能让你摆脱控制，你会释放出大量的怨恨、愤怒和恐惧。这并不是一段轻松惬意的旅程，但如果一直沉浸于负面情绪中，你会更痛苦。

归根结底，原谅是一种选择。我在Instagram上发起过一项调查，我问："有些事情是不可原谅的吗？"89%的人回答"是"，11%的人回答"不是"，也就是说，有11%的人认为所有事都可以原谅，但大多数人还是有绝对不能原谅之事。

### 等别人向你道歉

你可能永远不会从某些伤害过你的人那里得到应有的道歉，即使他们道歉了，也不会让你感觉好一些。

- 哪怕事实就摆在眼前，有些人也不会道歉。
- 有些人觉得没必要跟你道歉。
- 有些人还会怪罪于你。（"是你逼我这么做的。"）
- 有些人是通过行动道歉，而不是通过语言。
- 有些人因为自负而不愿道歉。
- 有些人不愿承认事实，因为那样他们会崩溃。
- 有些人不知道该怎么为自己的行为负责。

想要与伤害过我们的人继续相处，我们就必须接受他们现在的样子，接受他们的能力范围。

**原谅你自己**

最难原谅的人就是你自己。当我们意识到自己在一段不健康的关系中停留太久，忍受了太多的虐待，得到的比应得的少很多时，我们就会陷入自我厌恶的旋涡。当我们选择离开时，就会觉得内疚。如果你已经与家人切断联系，那你要知道，你已经努力了多年，你这样做是为了保护自己。在别无选择的情况下，你只能做出如此艰难的决定——你要理解你自己。

**与某个家人一刀两断会影响到你与家里其他人的关系**

父亲不希望达娜兄妹俩互相不说话，那样他会很难堪。因此，虽然达娜总是被哥哥欺侮，父亲还是希望他们经常来往，维持表面的和睦。

与某个家人断绝来往可能会让其他家庭成员感到羞愧或难堪。它会让家庭机能不全这个问题更加突出，并让家庭内部费力掩盖的秘密暴露出来。每个家庭基本上都有不成文的规矩，而这些规矩会阻碍我们为自己做出健康的选择。

大多数家人希望你幸福，也会支持你的决定，可当你需要结束不健康的家庭关系时，他们也许无法理解，这个决定能影响你的幸福。这时他们需要跳出"家庭"这个情境来看待你的选择。

下面这些语句可以让家人跳出"家庭"情境：

- "如果我的伴侣对我采取冷暴力，你还希望我跟他继续在一起吗？"
- "如果一个陌生人性侵了我，你是希望我报警，还是希望我与施暴者做朋友？"
- "如果我告诉朋友，不要和其他人讲我的隐私，可他还是说了出去，你会建议我继续和这个朋友来往吗？"

## 切断联系后常会遇到的情况

### 煤气灯操纵

在有毒家庭中，对问题视而不见是最好的自保方式。如果你指出家庭的不健康或不正常之处，家人不仅会假装看不到真正的问题，还会认为你才是问题所在，你对这个家庭构成了威胁。例如，这个家里存在虐待的问题，但对家人来说，谈论虐待才是问题。

**煤气灯操纵者的话术**

- "又不是你一个人会遇到这样的问题，比你惨的人多着呢。"
- "那都是你编的。"
- "为什么要说这些伤人的话？"
- "过去的事都过去了，不要再提了。"
- "你还是把这些事忘了吧。"
- "没你说得那么糟糕啊。"

## 否认

为了家庭的和睦而劝说家人保持不健康的关系，这会损害他们的心理健康。如果这个家庭很保守封闭，那就连与外人和睦相处的机会都没有了。你可以拥有健康的家庭关系，也可以拥有健康的家庭以外的关系，这两者并不矛盾。

每年假期前后都有人跟我说，他们会感到焦虑、沮丧或愤怒，因为他们不得不跟家人一起"欢度"假期。比如，有些人得和伤害过他们的人共进晚餐，有些人在走亲访友时得忍受奚落与嘲讽，还有些人要面对父母的偏心。这些都不是小问题，忽视它们会带来伤害。如果你一直回避现实，继续保持不健康的关系，那将会给你的精神、情感以及身体带来严重的后果。

我们对家庭关系的要求应该更高，而不是更低。由于家庭关系更长久并且更重要，因此它应该是我们拥有的最健康的关系。

**与家人切断联系后再碰面，应该如何处理**

和家人切断联系后，你的生活中难免还是会出现他们的影子。比如，你会在某些家庭聚会场合碰到他们，亲戚也许会问你们之间发生了什么。比方说，你不再与姑姑来往，而你又想给祖母祝寿，那你就不得不在生日宴会上碰到她。

碰面时你可以这么做：

- 如果觉得没什么，就很自然地打个招呼。
- 保持社交距离。
- 提醒其他家庭成员，不要强迫你们进行互动。

你也有权拒绝参加对方会出席的活动。如果创伤很深，那么再次接触伤害过你的人可能会给你带来冲击。强迫自己与对方接触会让你在心理上、情感上受挫。要足够了解自己，知道自己什么时候不能与对方在一起。例如，如果想到要见某个亲戚就让你焦虑不安、情绪低落或出现消极行为，那就说明这件事触发了你的应激反应。察觉到诱因出现时，要积极主动地照顾好自己。

**如果你已经与某人切断联系，是否允许子女与此人保持关系？**

与家人切断联系不仅会影响到自己，如果孩子与该家庭成员本来关系密切，那也会影响到他们。作为父母，你有责任确定孩子应该与哪些人保持关系。你可以根据你们切断联系的原因来决定孩子要不要与对方再有联系。

回答以下问题可以帮助你决定孩子能否和对方保持关系：

- 在与你切断联系之前，此人与孩子的关系健康吗？
- 如果不告诉孩子你们之间的过往，此人能否与孩子友好相处？
- 你能放心地把孩子交给此人照顾吗？

**面对质疑你的决定或者想要强迫你与对方沟通的家人，该说些什么**

- "我觉得我们的关系很不健康，我不想跟他/她有来往。"
- "我知道你理解不了，但这是我的选择，请尊重我的选择。"
- "请不要逼我跟伤害过我的人说话。"
- "我俩对事情的感受不同。请尊重我的立场。"
- "你在逼我做对自己不利的事。"

**家人要求你绝对忠诚、不加质疑，怎么办**

提出问题是了解一个系统（包括家庭）的健康方式。如果一个家庭不允许提出问题，不允许质疑，那是不对的。批判性思考会对不健康的系统构成威胁，而质疑是思考的第一步。所以，当家庭系统受到质疑时，人们往往很抵触。不过，你最应该忠于的是你自己的幸福。

> **练习**
>
> **拿起日记本或纸，回答下列提示性问题：**
> 1.你与某位家人一刀两断后，哪些家庭关系受到了影响？或者说，你觉得哪些关系会受到影响？
> 2.你对原谅是怎样的态度？它是否有必要？你觉得有些事不可原谅吗？具体有哪些事呢？

第十章

## 在家庭之外寻求支持

丹的母亲要工作,平时他也几乎见不到父亲,哥哥姐姐都已经长大,不再跟他们住一起了。母亲上班时,会把丹送到邻居雷丁家,周末丹就跟雷丁家的孩子一起玩。雷丁先生就像是丹的父亲,丹觉得自己更像是他们家的一员。

丹慢慢长大成人,雷丁夫妇在他心目中一直都非常重要,他们出席了丹的毕业典礼,逢年过节的时候两家人也会一起庆祝。丹成家后,雷丁夫妇就像他孩子的祖父母,而雷丁夫妇的孩子就像孩子的叔叔和姑姑。丹无法想象没有雷丁夫妇他的生活会怎样,但父亲和哥哥姐姐都不能理解他们的关系。在丹看来,他的家人除了妻儿、母亲,还有雷丁一家。

**没有血缘关系的家人包括那些**

> · 照顾你的人
> · 与你有深厚感情的人
> · 关爱你、对你负责任的人
> · 给你安全感的人
> · 始终如一地支持你的人
> · 愿意满足你需求的人
> · 了解你并深爱你的人

成年后，我们可以选择自己的人际关系。家庭意味着连接，而不仅仅是血缘关系。丹选择家人的依据是，谁能让他感受到最紧密的连接、最有力的支持，谁就是他的家人。

**称谓与角色**

我们对一个人的称谓并不代表他一定会扮演符合该称谓的角色。例如，有些母亲根本不养育孩子，不关怀或安抚孩子。有些兄弟姐妹并不亲近，也不会互相支持。我们不能根据称谓来判断一个人具备哪些特质，那不准确。比方说，朋友也许比兄弟姐妹更值得信任。

**健康关系的十个重要因素**

> 1. 相互信任
> 2. 相处愉悦
> 3. 深入（有意义）的对话
> 4. 真诚
> 5. 满足彼此的需求
> 6. 良好的沟通
> 7. 友善（即使指出问题也是为了对方好）
> 8. 相互欣赏
> 9. 相互慰藉
> 10. 支持（言语上、行动上）

你可以在与家人、朋友、长辈、同事、老师、邻居等的关系中找到上述一些要素。

## 你可以自主选择家人

把有血缘关系的家人看得高于一切，你会很容易困在不健康的家庭关系中，你会觉得，无论家人做了什么你都必须容忍。假如听到有人说"我的家人很少"，也许他的意思是："我只和家里少数几个人保持联系。我和有些家人来往得很多，有些则很少。

多久见一次面主要是由我决定,因为我有权决定自己的精力花在哪里。"

有些关系能满足你的大部分需求,有些能满足你的一半需求,还有一些关系是这样:即使你倾注了很多精力,也只能得到很少的回报(甚至一无所获)。健康的关系并不一定是完全公平的,因为双方不可能在每个方面付出的都一样多。只有你自己才能决定一段关系对你来说是否值得。

### 📖 只有你自己才能决定一段关系对你来说是否值得。

我和我的治疗师曾聊到过我和家人的复杂关系,她问我:"你为什么还跟这个人来往?"我自己也是治疗师,我知道最后我们的关系肯定会破裂,勉强没有任何意义,我能想出的唯一理由就是"他是我的家人"。但对方是你的"家人"并不是保持关系的有力理由,特别是那些让你感到有压力的关系。当然,和有些人相处时我们确实会感到紧张,但我们能看到关系的意义和价值。要弄清楚,什么样的关系有价值,什么样的关系只是一种义务。

和丹一样,我也有哥哥姐姐,我小学毕业后,家里就只剩下我一个孩子。在与同龄孩子相处的过程中,我跟他们结下了深厚的友谊,他们也是家里最小的孩子,也比哥哥姐姐小很多。父母很熟悉我的高中同学和大学同学，因为我跟她们就像亲姐妹一样。和丹一样，在我人生重要时刻的记忆里，除了有血缘关系的家人，也有我自主选择的家人。

家人固然重要，而你自主选择的家人也不可或缺。

## 如何帮助家庭关系不健康的人

### 不要最小化（轻视）别人的经历

"并没有那么糟啊"——你没资格这样评判别人的过往。同样，你也没资格要求别人克服困难、与家人好好相处，这对别人没有帮助。让别人自己选择他们想要的生活。

### 不要强迫别人改善家庭关系

你不知道什么对别人最好，因为你无法确定家庭关系会如何影响他们。不健康的人际关系会损害他们的心理健康。

### 不做评判，这样别人才能没有负担地说出自己的经历

你的经历也许与别人的不同，要允许别人分享自己的故事。

### 不要告诉别人，如果你是他/她，你会怎么做

每个人的处境不尽相同，所以你的建议不一定合理。就算你

的处理方法不一样、更高明，别人也未必想听。

**不要自以为知道别人的感受**

感情很复杂，很多时候你根本想不到别人会做何感受。如果你从小到大家庭关系和谐稳定，那你就很难理解家庭关系混乱的人的感受。

**不要说"一切都会好起来的"之类的话，不要给别人虚假的希望**

你并不知道是否一切会变好，那只是你一厢情愿的美好希望。不知道未来会怎样也没关系。

**问问别人需要你做什么**

不要想当然地以为你知道别人需要什么。不妨问问对方需要什么，这样他们的需求才有可能得到满足。不然你做得再多也是无用功。

## 支持自己

如果你从原生家庭或你所选择的家人那里得不到你所渴望的支持，那你可以自己支持自己。你可以教自己你希望别人教你的东西，在自己身上寻找你希望别人给你的东西。支持自己就相当于努力成为最好的自己，同时理解自己、接纳自己。

**支持自己的五种方法**

● **了解自己**

你越是了解你自己，你就越清楚自己的需求、愿望、喜好。在深入了解自己的过程中你也会改变。你喜欢的东西可能每年都会改变。了解自己能让你清楚明确地说出自己的喜好和需求。

反思日志、心理自助练习、心理治疗和有意义的对话都是深入了解自己的好方法。在治疗时，我会大声地问自己，为什么会做出这样的选择，也会宽慰自己，就算没有做出最好的决定也没关系。

● **不要忽视自己**

无微不至地照顾自己。给自己打气。泡热水澡。定期看医生、体检。别人忽视我们，我们当然无能为力，但我们可以停止忽视自己。

塔妮莎小时候，母亲从不带她去看牙医，除非她牙疼。后来只要一提到牙医，她就觉得牙疼。长大后她学会了更好地照顾自己，她不会等到牙齿出了问题再去看牙医，她会听从医师的建议，因为她想保护好牙齿。

● **相信自己**

你不可能总是做出最好的决定，但做的决定越多，你就越能成为好的决策者。逃避决策会让你陷入困境，结果也不会更好。

信任自己的关键在于，即使事情没有如你所愿，也要宽宏大量地对待自己，因为你做的一定是对你最有益的选择。即使是最优秀的决策者，也会时不时地犯错。我们总以为别人是优秀的决策者，是因为我们不知道他们失败过多少次。正如纳尔逊·曼德拉所说："不要以我的成功来评判我，要以我跌倒多少次又爬起来多少次来评判我。"

### ◆ 关注自己的需求

如果你总是助人于危难之中，那你会很难摈弃"照顾他人比照顾自己更重要"的信念。你的需求也许并不比别人的需求更重要，但对你而言，你的需求就是最重要的。

给孩子哺乳后我很快就认识到，我是否能把自己照顾好直接决定了我能分泌多少乳汁。我得好好休息、好好吃饭、减少情绪干扰，这样才能照顾好自己。母乳喂养让我明白，想要照顾好别人，得先照顾好自己。如果你是"能量不足"的状态，那你能付出的会少很多。

### ◆ 成为自己需要的那个人

这虽然是老生常谈，但却是事实：有时你找不到一个能扮演你期待的角色的人，你只能自己去充当这个角色。成为你童年时希望拥有的那个人。成为你希望在你的家庭中存在的人，让自己为之骄傲。

> 成为你童年时希望拥有的那个人。

### 打造你的"亲友团"

你的家庭只是你社交圈的一部分，你还可以与其他人交往，他们也许能满足你的所需。如果你在有毒家庭中长大，你或许很难弄清楚该信任谁。信任所有人是不健康的做法，但不信任任何人同样不健康。学会辨别谁值得信任，这对你很有帮助。

### 哪些迹象能说明一个人值得信任

- 对方对你的经历很好奇
- 对方对你敞开心扉
- 对方在用心听你说话
- 对方能肯定你的感受
- 在分享其他人的事情时，对方很坦诚
- 自始至终地支持你、帮助你

敞开心扉，你会找到真正的连接。展现真实的自己，坦诚、明确地说出你的期望，你会找到能彼此理解的人。

**多联络感情**

健康的关系需要投入时间并持之以恒。长期保持联系，你们的关系会健康、稳固。不能总指望对方主动联系你，这样你们的关系也许达不到你的期望。想要维护好关系，你应该尽己所能。当然，并不是所有的关系都能发展得很好。离开需要结束的关系，同时敞开心扉建立新的关系。你应该明白，有些关系终将结束，最好的结果就是好聚好散。

**练习**

拿起日记本或纸，回答下列提示性问题：
1. 你有像家人一样的朋友、邻居或老师吗？
2. 你是如何与跟你没有血缘关系的人建立深厚感情的？

# 第三部分

# 成　长

第十一章

# 如何处理与父母的关系

安东尼最开始来找我,是因为他对父亲迈克尔充满怨恨。22年来,父亲在安东尼的生活中一直是缺席的,现在儿子长大了,他又开始联系安东尼。安东尼不知道自己要不要接纳父亲,因为父亲已经再婚,和新的妻子又生了两个孩子。

安东尼4岁的时候,父母离婚。幸运的是,母亲在安东尼8岁那年再婚,安东尼和继父一直关系很好。在某种程度上,与生父联系感觉像是背叛了继父,因为他认为继父才是他的生父。

安东尼跟祖母很亲近,祖母去世后,他在葬礼上见到了迈克尔,迈克尔向他要了联系方式。起初他们交流不多,安东尼只是想从父亲那里听到一句"对不起"。两个月后,安东尼每隔一周就会和父亲通一次电话,他问父亲以前为什么从不和他联系,现在为什么又回来找他。迈克尔解释说，他不知道该如何修复他们的父子关系，并为自己没有尽到父亲的责任表示抱歉。但安东尼仍然无法释怀，他不能理解，为什么父亲要过那么多年才来尝试和解。

四个月之后，安东尼不想再接听父亲的电话，也不想再看他发来的信息了。安东尼总在想："为什么他当初不跟我联系？为什么现在他又出现？"他已经长大了，不像小时候那么需要父亲了。在如此愤怒的情绪下，他没办法向父亲敞开心扉。

在治疗过程中，安东尼告诉我，他想"克服"对父亲的怨恨情绪，想弄清楚自己是否需要父亲。同时他很看重忠诚，担心与生父联系会破坏他与继父的感情。

## "克服"情绪

人们找心理医生通常是想克服令自己感到不适的负面情绪，但这大可不必。实际上，克服负面情绪比生气、受伤或沮丧要消耗更多的能量。克服负面情绪并不能改变过去。重要的是，在向前迈进的同时，要努力处理好自己的感受。

经常有来访者对我说：

- "我奶奶去世了，你能帮我走出悲伤吗？"
- "我失去了喜欢的工作，我想从痛苦和消沉中走出来。"

◎ "好朋友突然不联系我了,我很难过。怎么才能克服这种情绪?"

事实上,没有任何治疗师能帮助你摆脱某种情绪,也不存在任何能化解情绪的安慰剂。对于类似的要求,我一般会这么回答:"我可以帮助你去感受各种情绪,确认你的感受,然后帮你用健康的方式应对,从而让你感觉更好。"

显然,这不是人们想听到的回答,但这就是事实。很多时候,我也希望自己拥有忘忧果,但它根本就不存在。没有任何灵丹妙药能阻止你的感受。

安东尼需要愤怒,愤怒没有好坏之分,也没有有用、没用之分。他需要不加评判地感受愤怒。大家都觉得愤怒是负面情绪,但愤怒本身并不负面。真正的挑战是愤怒时我们的反应和行为。有些人会在愤怒时采取破坏性行为,但暴力并不是唯一的应对方式。我见过有人生气时大发雷霆、摔砸东西,也有人选择出门散散步,平复心情。

### 如何管理愤怒

- 承认它。不必假装自己不生气,要接受愤怒的情绪。

- 弄清楚是什么触发了你的愤怒，比如什么样的话语、记忆、情境等。不必避开这些话语、记忆、情境，但你可以提前想好以何种方式应对。
- 你可以决定自己是否要再次回到触发你怒火的情境。了解触发怒火的因素，你很容易就会知道你要怎么做。
- 找到你的核心感受。安东尼在处理愤怒情绪时发现，他最大的失望来自被父亲抛弃的感觉。愤怒的背后往往隐藏着悲伤、失望或伤害。
- 制定一些策略来表达你的愤怒，这能帮助你释放愤怒。想好措辞，把你的愤怒说出来同样有效。让对方清楚地知道你的感受，对你们的关系会很有帮助。如果你不说，它就会以消极的或者攻击性的行为表现出来。
- 被否认的愤怒情绪会转化为暴力、消极对抗、抑郁、伤人的言语和行为。愤怒本身并没有问题，它是人类天生就有的情绪，想要让愤怒消退，首先你得承认它、接纳它。最好的办法就是诚实地面对自己的感受。

## 维持关系还是结束关系

安东尼不知道是该跟父亲继续联系还是拒绝他，这说明他也想找个好办法来解决他们的父子关系问题。

想要找出最佳方案，需要思考以下问题：

- 关系中是否存在虐待，对方是否危险？
- 伤害对方的一方是否感到懊悔，是否愿意承认自己在这段关系中扮演的角色？
- 需要解决的是一个还是多个问题？
- 对方是否已经改变？改变的证据有哪些？
- 承认问题能带来改变吗？还是会带来更多同样的伤害？
- 你曾经尝试过哪些方法？如果没有效果，是你的方法有问题，还是对方不配合？
- 你能接受结束这段关系吗？

在多年的治疗师生涯中，我见过这样的人：在童年时期，他们遭受了父母的情感伤害，成年后，父母向他们道歉，他们与父母仍然保持关系。我也见过这样的人：他们的父母丝毫不知悔改，拒不承认自己的所作所为是错误的、对孩子是有伤害的，但他们仍然与父母保持关系。无论哪种情况，每个人都有权选择继续维持关系或者结束关系。迈克尔似乎颇为愧疚、懊悔，并愿意弥补自己的过错，但是否继续与父亲的关系，最终仍然取决于安东尼自己。

## 如何停止怨恨父母

即便你没有原谅父母,也没有忘记过去的伤害,你仍然可以停止对父母的怨恨。你可以在看清楚你与父母关系真相的同时,继续保持关系。你可以接受父母本来的样子以及他们对待你的方式。父母经历了什么?他们的经历如何塑造了他们与你的关系?当然,虐待孩子没有任何值得原谅的理由,但理解他们你才能变得宽容。他们可能有心理创伤,不知道该如何养育孩子。他们的经历和不健康的应对方式会影响到你与他们之间的关系。这不是你的错,你也无法替他们解决问题。你可以试着跳出你的立场,把"我父亲""我母亲"换成父母的名字来思考一下:_____有着怎样的经历?这样的经历如何塑造了他们?

父母首先是人,作为人,他们可能会:

- 犯错
- 不道歉
- 情感上不成熟
- 出尔反尔
- 抱有不合理的期望
- 并非全知全能
- 察觉不到自己对他人的影响

- 希望事情按自己的方式进行
- 以不健康的方式应对
- 认识不到自己的无知

**了解你父母的经历**

父母的经历并不能成为他们伤害你的理由,但它是有价值的信息,能帮助你了解父母行为的深层次原因。如果你的父母无法讲述他们的经历,你可以向其他家庭成员打听。父母的创伤常常也会在孩子的身上留下印迹。

**你想从父母那里听到的话**

- "那时候我给不了你想要的。"
- "当时我忙于处理自己的问题,没能在你需要的时候好好照顾你。"
- "我错了,我不该伤害你。"
- "现在我能做些什么来改善我们的关系?"
- "在教育孩子方面我什么都不懂。"
- "我不知道怎么处理你的情绪问题,因为我自己的情绪都没处理好。"
- "我尽力了,但我给你的不是你需要的。"

**控制你能控制的**

关注你们的关系中你可以控制的部分，尽力处理好你需要关注的那部分。教会自己父母没教给你、没能力教给你的那些东西。虽然你永远无法把父母变成你期待的样子，但你可以看到你们关系中有意义、温暖、健康的那部分，并从中得到快乐。

**要解决与父母的冲突，你需要思考的问题**

- 你认为怎样的父母是健康的父母？
- 你的父母是如何表达他们对你的爱的？
- 你与父母的关系目前存在哪些问题？
- 对于你与父母的关系，你有怎样的期望？
- 你需要接纳父母哪些不好的地方？接纳你们的关系中哪些不好的部分？

**多多包容**

你有哪些缺点？你父母有哪些缺点？每个人都不完美，无须去比较谁比谁做得更差。我并不是说所有的过错都可以原谅，但你的父母有可能不知道如何为人父母。

**记住"这不是你的错"**

父母都有自己的过去。玛茜的母亲经常殴打她、辱骂她，玛茜长大后有了自己的孩子，她从不虐待孩子，但她和母亲一样性格暴躁。玛茜和母亲都有心理创伤，虽然这不能成为她们暴躁的借口，却可以解释她们的行为。

理想的状况是，父母先努力解决好自己的问题，再考虑生儿育女。遗憾的是，我们无法做到先治愈自己、先把自己活明白再做父母。很多人都是一边养育孩子，一边处理自己的难题。

**勇敢地说出问题**

如果你仍然被过去的事困扰，那么频繁地提起往事也会给你带来伤害。即便如此，你也应该告诉父母，你对他们的养育方式有什么想法，他们会从中受益的。坦诚交流是人际关系必不可少的健康要素，但要注意你沟通的方式。

谁都害怕谈及痛苦的过往，但一再拖延只会让你更加焦虑。虽然你无法控制父母的反应，但你是了解父母的，可以预测他们的反应。不管过去发生了什么，只要你有了新的、不同的想法，你就该勇敢地说出来。

**学会表达不满**

先告诉他们你很重视你们的关系，然后告诉他们你需要他们知道什么以及你希望他们以后怎么做。

比如：

- "你们对我来说非常重要，我希望你们知道，小时候我觉得你们整天都很忙，没空陪我。我知道过去的事改变不了，但我就是想把自己的感受说出来。"
- "我爱你，我想对你说些重要的话。你不高兴时就会冲我发脾气，从我小时候就这样。要是以后你再大喊大叫，我会提醒你注意，等你平静下来我再跟你说话。"

给父母写封信，让他们了解你的感受。写信可以帮助你释放情绪，而且你不用和父母当面对峙。你可以让父母看到这封信，也可以不给他们看，只是把它当作宣泄情绪的手段。

把想法和感受写下来是很好的宣泄。方便的话，也可以用电脑或手机记录你的感受。在信中你应该说明问题所在、你受到的影响、你的感受以及你觉得下一步应该怎么做。重点应该放在关键问题上，不要期待一次性解决所有问题。

如果想让父母看到这封信，你得考虑一下，是邮寄、发电子邮件还是亲手交给他们。请记住，他们也许根本不回应，或者回应的方式与你期待的不一样。我甚至听说，有些父母读了信之后只字不提，因为他们没准备好开启对话。想要确认父母看过你写的信并且认真阅读了信的内容，不妨直接问："你们看完这封信时，是怎么想的？"

出现问题及时沟通是人际沟通的黄金准则。不过一旦问题说清楚了，就不要再反复提起。还是那句话，你不必原谅和忘记，但要向前看。如果条件允许，最好问题一出现（或出现之后不久）就及时解决。

问题刚出现时你可以这么说：

- "你说'并没有那么糟'的时候，是在否定我的感受。"
- "请你别心情不好就骂我。"
- "我跟你说话的时候，不要玩手机好吗？"

问题出现后不久你可以这么说：

- "昨天我跟你聊天时你说'并没有那么糟'，我觉得你是在否定我的感受。"
- "上周我们讨论的时候，你说的话很难听，那对我来说是一种侮辱。"
- "前几天我们聊天时，你一直在玩手机。"

很多人都认为直接指出问题是对他人的不尊重。但无论多么难以启齿，这样做都是值得的。很遗憾，沟通不存在容易的时机或完美的时机，因此还是要尽早开启对话，不要拖太久，否则你会持续处于痛苦中。

**设定明确的界限**

我们知道成年人要懂得设定界限，其实小孩子同样需要设定界限。在有毒家庭中，界限被视为对整个系统的威胁。敢于提不同的要求，说出自己的期望，不人云亦云，会让别人觉得你是在家庭内部制造矛盾，但实际上你"制造矛盾"是因为你想改变机能不全的状态。

在健康的关系中，设定界限并不会冒犯到别人。即使别人不喜欢你的界限，也会尊重你的界限。你不能强求别人喜欢你的界限，但尊重界限是我们的底线。

在有毒家庭中，你可以这样说明你的界限：

- "妈，你来我家之前要提前跟我说一声。"
- "我不想再提结婚的事。"
- "别拿我的体重开玩笑，我一点都不觉得好笑。"

**在经济上依赖父母，你该怎么做**

如果你在经济上依赖父母，你可能担心说出感受会影响父母对你的经济支持。如果你（无论是儿童、青少年还是成年人）

一直和父母一起生活或者是现在和父母同住，你可以参照以下方法：

- **在家庭外寻求支持**

   与值得信赖的同伴、心理健康专家或支持你的亲戚聊一聊。不要独自承受。

- **计划好如何独立**

   读书可以帮助你拿到文凭、学到新技能。好好工作，多多挣钱，这样你才能独立。

- **不要被家庭束缚**

   培养健康的心态，看准目标，为经济独立而努力。

## 父母需要子女照顾，怎么办

如果你能放下对父母的期待，允许他们做自己，那么你们的关系会更自然，交流会更真实。然而，并不是一切都会随着时间的推移而变好。比如，我们小时候父母无法满足我们的需求，我们长大后还是如此，这会让人很难接受。虽然我们无法改变别人，但与那些不愿意改变的人保持关系也很难。如果你不能接受父母本来的样子，请对自己更宽容一点。

有时候，孩子和父母的角色会互换，比如父母生活困难，孩子就需要从经济上资助父母，或者孩子需要照顾父母的身体、从情感上支持父母，在这样的情况下，成年的子女既要养活自己还要背负家庭重担，难免会有怨言，感到压力巨大。

你可以选择帮助父母，也可以让他们自己解决问题。

要想把握好经济支持的度，你可以参考以下做法：

- 确定给多少钱比较合适——这笔支出不能超出你的预算，让你陷入经济困境
- 如果实在负担不了就直接拒绝
- 做他们的理财顾问

要想把握好情感支持的度，你可以参考以下做法：

- 让他们知道谈论哪些话题会让你觉得不适
- 鼓励他们与同龄人或年龄相仿的家庭成员多交流
- 让他们知道听到某些事会让你有怎样的感受
- 当谈话可能会引起不适时，不妨换个话题

要想把握好照顾父母身体的度，你可以参考以下做法：

- 与保险公司沟通，与他们的保险代理人联系，了解保单的覆盖范围
- 向其他家庭成员寻求支持，而不是独自承担一切
- 建立你的社会支持系统，分解照顾父母所带来的精神压力

## "养育"父母

孩子都希望得到父母的引导，如果父母还不如孩子成熟，那么孩子很难对父母有发自内心的尊重。

多年来，埃米一直期望母亲能"长大"。可是母亲在公共场合总是失态，行为粗鲁无礼，埃米觉得母亲不成熟，她希望母亲的表现能符合她的年龄，但生理年龄并不能决定心理成熟度。

### 如何与情感不成熟的父母相处

- 确定父母的情感年龄，以此为依据设定你的期望值。你的父母也许与同龄人不太一样。
- 不要把他们与同龄人比较。应该纵向比较，把他们现在的表现与以前的比较。多数人都会延续他们以前的行为方式。
- 指出问题，反复表达你的期望。不要太在意他们的反应，因为那是你无法改变的。

**父母有心理问题但不愿寻求专业帮助，怎么办**

与否认自己有问题而且不愿意接受心理治疗的人相处会很困难。抑郁、焦虑、人格障碍等心理问题都会影响亲子关系。有些人无论如何都无法接受医生给出的诊断，无法相信自己有相关症状。有些人即使表现出症状，并且有必要就医，也不愿意接受治疗。你无法强迫那些否认自己有问题、拒绝接受心理治疗的家人去看医生。如果他们对自己或他人造成伤害，你可以向社会组织与司法体系寻求支持和干预，以确保他们的安全，并确保他们不会伤害到别人。

**如何与有心理问题但不愿寻求专业帮助的父母相处**

- 远离可能会发生暴力或虐待的环境。就算父母有心理问题，也没权利对你进行言语或身体攻击。
- 如果父母表现出情感疏离或者要求你离他们远点，给他们一点空间。
- 制订应急计划。如果家人患有抑郁症、躁郁症或精神分裂症，这么做会非常有用。应急计划上应该写清楚哪些行为会诱发疾病发作、出现紧急状况应该联系谁（包括医生和附近医院的联系方式）、保险信息以及具体的处理方法。让重要的家庭成员和利益相关者都保存一份复制文件。

## 子女单方面付出

赖莉每周给母亲爱丽丝打一次电话,但母亲很少关心她的生活,不管赖莉聊起什么,她都很快就把话题扯回到自己身上。

虽然赖莉想知道妈妈的近况,但她不想从始至终都谈论母亲的生活,也不想听她抱怨。她也希望母亲有时能主动联系她,别总等着她打电话过去。

### 如何处理与父母的单向关系

- 坚持谈论自己。不要让父母主导对话。你可以插话。
  - 让他们了解你的感受。
- 如果谈话偏离正轨,那就把话题再拉回来。

你可以这样说出你的感受:

- "咱俩聊天时,我希望你也能多问问我的情况。"
- "我们聊天挺开心的,我希望能经常听到你的消息。每周给我打个电话吧。"

你可以这样跟他们相处：

- 如果你每周与父母都要聊好几次天，而且每次他们都只顾着讲自己的事，那你一定会感到很苦恼。如果觉得不舒服，就减少聊天的次数。
- 父母也许认为你是个很好的倾听者，也许他们没有别人可倾诉。接受这样的现实：与他们交谈时你的职责是倾听，不必教他们怎么做。
- 鼓励他们寻求他人的支持。告诉他们，你也希望他们能有别的倾诉对象。

**自我养育**

在成长过程中缺乏什么，就补偿自己什么。父母也许没能满足你情感上的渴望，也许永远无法按你希望的方式养育你。在这种情况下，你必须自己养育自己。自我养育既能给你内心的那个孩子以支持，又能给你自己所需的关爱。

如何自我养育：

- 对自己说"我为你而自豪"。
- 给自己烹饪健康营养的餐食。
- 做事不急不慌。

- 宽慰自己。
- 给自己安排庆祝活动。
- 用"我……"这样的句式来赞美自己,比如"我露出酒窝很可爱"。
- 每晚睡足八小时(并且有固定的就寝时间)。
- 尽情娱乐。
- 只要取得了一点成绩就奖励自己。

**自我照顾的重要性**

如果家庭机能不全,那你应该把照顾好自己的情感需求和身体需求放在首位。心理治疗是很好的情绪出口,能给你提供支持,同时也能帮助你培养与其他人的健康关系。

你无法改变父母,但你可以改变你与他们的相处方式。如果你想与父母保持联系,那一定要弄清楚如何在不伤害自己的情况下与他们保持联系。

如果与家人的相处让你筋疲力尽,不妨先给自己一些时间恢复一下,然后再决定如何继续。当新的问题出现时,你可以决定是现在处理,还是过后再想办法解决。但不要让问题恶化,要尽快解决。

**练习**

**拿出日记本或纸,回答下列提示性问题:**
1. 你与父母相处过程中的主要挑战是什么?
2. 你知道父母的经历吗?
3. 你能做到父母当年没做到的哪些事?

第十二章

# 如何处理与兄弟姐妹的关系

西拉比西尔维斯特大3岁,她总觉得弟弟被宠坏了,他犯了错父母从来不批评他。西拉需要帮助时绝不会去找父母,因为他们从小教她要独立、要负责任。可他们养育西尔维斯特的方式却恰恰相反。西尔维斯特什么事都要靠父母,说话做事也不可靠。

西拉很想知道,他们姐弟俩明明是在同一个家庭中长大,为什么待遇会如此不同?有一次,西拉和父亲单独聊天时,父亲告诉西拉,他承认西尔维斯特"还没长大,有很多问题",还说是母亲索尼娅把西尔维斯特惯成这样的。索尼娅非常黏儿子,但她不承认自己偏心。

西拉会不自觉地把对父母的不满发泄到西尔维斯特身上。她对弟弟很没耐心，觉得他很烦，只有在家庭聚会时她才跟他说话。她告诉我父母是如何偏心的：

- 西尔维斯特16岁那年父母就给他买了辆新汽车，而西拉到了18岁才得到一辆二手汽车。
- 为了省钱，父母劝西拉留在本州上学，而西尔维斯特则可以去其他州上大学。①
- 西拉以优异的成绩顺利从大学毕业，毕业派对是她自己筹办的，而西尔维斯特大学读了六年，毕业派对是父母帮他办的。
- 大学毕业后，西拉搬到另一个州工作，和丈夫一起抚养孩子，父母每年才来探望一次。可西尔维斯特有了孩子以后，他们几乎每个周末都会去帮忙照看孩子。尽管距离近是一个原因，但西拉还是很嫉妒。

西拉时时刻刻都在留意父母有没有偏心，暗中计算比较，她总觉得自己得到的比弟弟少太多，这令她非常气愤。虽然这并不是弟弟的错，可弟弟从来没有为姐姐打抱不平，或者为姐姐向父母争取应得的待遇，他只是欣然接受父母给予他的所有

---

① 美国的公立大学每年会获得美国联邦政府与州政府的财政拨款，而州政府拨款都来自州政府每年的税收，所以各州会对本州的学生收取较低的学费。——译者注

帮助。

西拉今年40岁,她来找我是想通过心理治疗化解多年来她心中的积怨。我们的主要目标是帮助西拉与弟弟建立起一种能真诚交流且对双方有益的关系。我们无法迫使她的父母承认,他们对姐弟关系造成了不好的影响,但我们可以帮助西拉为自己争取权益,要求父母也满足她的需求。弟弟需要的并不一定是她需要的,她得弄清楚,父母可以通过哪些方式给她提供个性化的支持。

## 父母是如何影响兄弟姐妹之间关系的

兄弟姐妹关系是好还是坏,并不完全是父母的责任,但父母的行为会产生重大影响。很多父母告诉我,到了某个阶段,他们的孩子就开始互相争抢。有的父母会说"我不想插手,你们自己解决",或者"他是你弟弟,你得跟他分享"。类似的话不仅不能平息矛盾,甚至可能导致更多的手足冲突。

在本章,我将给父母还有那些成年后与兄弟姐妹关系不和的人提一些建议。

## 帮还是不帮

兄弟姐妹之间的争吵可能会对彼此造成伤害。例如,一个孩子正在玩玩具,另一个孩子一把将玩具抢走。

◈ **父母应该这样说：**

> ◎ "姐姐正在玩呢，你得先等她玩完，或者问问她现在是否能让你玩一会儿。"

尽管你说的话孩子不一定会听，但你清楚地传达出一个信息，那就是某些行为是不能接受的。

◈ **父母不应该这样说：**

> ◎ "我不管。你自己想办法。"

让孩子自己想办法就是促使他争抢玩具的原因。年幼的孩子缺乏同理心，需要父母反复提醒。等孩子大一些以后，父母可以和他们一起想办法解决。

比如：女儿打电话来跟你抱怨她的妹妹找她借钱修车，却不还钱。

◈ **父母应该这样说：**

> ◎ "她跟我说过要把钱还你的，看来她没有遵守承诺。你打算怎么办？"

作为父母，你不必介入成年子女之间的纠纷，但你也不应该纵容你觉得不可接受的行为。

**父母不应该这样说：**

> "她很需要这笔钱，你借给她就别让她还了。"

也许妹妹的收入确实不如姐姐高，但借钱不是姐姐的义务，父母也不该强迫。

**厚此薄彼**

西拉觉得弟弟是家里"最得宠"的孩子。这个称号不是弟弟自封的，而是父母给他的。也许父母觉得他是家里最小的孩子，又是男孩，性格更好，也可能是因为母亲在他身上看到了自己的影子。父母通常很不愿意面对自己"一碗水端不平"的事实，所以在面对指责时他们会矢口否认。

**父母应该这样说：**

> "你说得对。我给你弟弟买了辆新车，我有这个经济实力。我理解这件事让你觉得不公平，你很不开心。"

◆ **父母不应该这样说：**

> ◎ "那是几年前的事了。你的车也很好呀，不比他的差，你应该懂得感恩啊。"

父母通常会以不同的方式对待孩子，承认这一点也没关系。每个孩子的需求和兴趣并不相同，所以父母很难做到百分之百的公平。否认自己偏心并不能解决问题，反而会让孩子不再信任父母。如果父母能坦诚地承认自己的行为，孩子会感觉和父母更加亲近。

## 强迫兄弟姐妹之间相亲相爱

尽管有血缘关系，但手足之间的情感联系其实有限。如果年龄相差悬殊，个性差异较大，或者对家庭机能不全的看法不同，他们的情感联系就会更少。爱是自然而然产生的，所以父母不能强迫子女之间相亲相爱。

为了让子女好好相处，有些父母会强迫子女互相只能说对方的好话，就算一方深深伤害了另一方，另一方也要包容谅解。父母也许很难接受子女之间互相不满，但父母应该认识到并理解孩子的不满。多为子女创造表达感受的空间，这样会让他们感到不那么孤单，他们与父母的关系也会更紧密。

● **父母应该这样说：**

> ◎ "我听你说你觉得和弟弟有点疏远，因为他比你小，而且你们没有什么共同点。"

● **父母不应该这样说：**

> ◎ "不管怎么说，兄弟姐妹都是你的家人，你必须爱他们，毕竟最重要的就是家人。"

## 比较

人都难免互相比较，有时，父母会觉得在兄弟姐妹之间做个比较没有什么，但其实这样做会伤害他们的关系，尤其是当孩子发现父母偏心哥哥/弟弟或姐姐/妹妹时。孩子可能会间接地向父母要求同样的待遇。例如，孩子会说："你说她头发很漂亮。我的头发也很漂亮，对吗？"每个孩子是不同的，所以父母应该夸奖他们不同的方面。假如只是为了一视同仁而撒谎说"我也喜欢你的头发"，孩子会感觉到你的赞美言不由衷。所以，如果你夸了一个孩子，就得准备好还要夸奖其他孩子。总之，永远不要拿孩子们做比较。

例如，不要说"你哥哥5岁时就会系鞋带了，你怎么就不会呢"之类的话。不要向孩子抱怨说其他人跟他一样大时比他能干，那会让他觉得自卑。当孩子成年后，这个原则同样适用。

● **父母应该这样说：**

> ◎ "我可以帮你付这个月的房租。"

● **父母不应该这样说：**

> ◎ "你哥哥从来没让我帮他付过房租，你怎么就不能像他一样独立呢？"

## 跟一个子女说另一个子女的闲话

如果父母对某个子女不满，可能会需要渠道来宣泄情绪，但如果宣泄渠道是其他子女，那会惹来大麻烦。你把另一个子女当心腹，让他夹在中间，他会觉得自己有必要帮父母排忧解难，或者也跟你一起诉说自己的不满，而这会让情况变得更糟。

说闲话是指：

> ◎ 试图诋毁他人人格
> 
> ◎ 把道听途说的信息当作事实来讨论

- 言过其实，把人或事说得比实际情况要糟
- 重复不真实的叙述
- 散播对他人不利的信息
- 散播未经考证的信息
- 过度渲染细节
- 泄露他人秘密

不过有研究表明，倾诉自己的挫败感可以使人们在心理上更亲近。父母在议论子女时，必须确保分享的信息不是什么丑闻，也不是出于伤害的目的。父母应该只对全面了解情况而且也想解决问题的成年子女倾诉不满。此外，交流要本着实事求是的原则。

● **父母应该这样说：**

- "我很担心你妹妹。交了男朋友以后，她总是情绪低落。"

● **父母不应该这样说：**

- "我不喜欢你妹妹的新男友。你知道吗？他们是在工作中认识的，她怎么能跟同事谈恋爱呢？真没脑子！"

**不承认自己有问题**

如果父母与某个子女是依赖共生关系，就会影响到兄弟姐妹之间的关系。例如，埃丽卡大学毕业后就经济独立了，父母似乎把大部分精力都放在妹妹身上，妹妹游手好闲，又挥霍无度，经常向父母要钱。父母反倒总是夸奖妹妹，妹妹做的事再普通——比如找到一份工作——他们也要赞美。相比之下，埃丽卡在工作中表现很出色，可父母从来都不关心她的成就。

● **父母应该这样说：**

> ◎ "没错，我们是会给你妹妹钱，要是我们不帮她，她都养活不了自己。"

● **父母不应该这样说：**

> ◎ "我们对两个孩子明明一视同仁的啊。"

**让子女照顾子女**

有时，父母会让年龄大、情感更成熟或更能干的子女照顾其他孩子。

在什么情况下孩子需要承担父母的角色：

- 父母都要工作，年长的孩子就得照顾年幼的孩子。
- 父母生病，年长的孩子就得照顾其他孩子。

如果出现这种情况，年长的孩子会怨恨弟弟妹妹，或者当他的弟弟妹妹成年后，他仍然无法放弃扮演照顾者的角色。比如有人对我说过"我姐姐就跟我妈一样"，而这样的相处模式不利于兄弟姐妹关系的健康发展。

不过，大的照顾小的并不是年幼孩子的过错，如果孩子们长大后能意识到问题，他们之间的关系就有可能改变。哥哥姐姐可以教弟弟妹妹解决问题的方法，并鼓励他们学会照顾自己。开诚布公地谈谈这个问题也很有帮助。

## 成年子女相处过程中的常见问题

子女成年后关系不和的主要问题有嫉妒、怨恨、单方面付出、背叛、信仰不同、生活方式不同。不过，在从小到大相处的过程中，许多兄弟姐妹都学会了如何解决争端、相互接纳、相互支持。

以下是我通过网上调查了解到的常见问题：

- "妈妈总是照顾我同母异父的弟弟，却没有时间管我。"

- "我爸妈偏心，对我最不好，给别的孩子买的礼物都很贵，陪他们的时间也多。"
- "我的兄弟姐妹都觉得爸妈最偏向我。"
- "我的哥哥姐姐到现在还把我当孩子。"
- "我哥哥不学无术，父母还纵容他。"
- "我妹妹总是利用爸妈。"
- "我姐姐到现在还欺负我、嘲笑我。"
- "妈妈总是操控她的五个孩子，让大家针锋相对，导致我们现在都不和。"

除此之外，以下问题也会影响兄弟姐妹的关系：

- 争夺遗产
- 对于照顾父母有分歧
- 政治主张不同
- 年幼时有一方遭受过严重欺凌
- 有一方遭受过身体虐待和性虐待

## 每个孩子都会受到机能不全的影响

在有毒家庭中，每个子女都可能扮演着特定的角色。以下是子女会无意识扮演的一些角色。

### 责任担当者

遇到问题时，责任担当者会化解危机、制定规则、在经济上提供帮助等，以确保每一个家庭成员都得到很好的照顾。他们非常需要秩序，如果父母没确立秩序，他们就会自己确立。独立自主是他们的生存方式，因为他们知道别人是靠不住的。

### 抚慰者

抚慰者通常是敏感的孩子，他们认为自己能用言语和行为表达出自己的感受。他们经常帮助别人处理情绪，当家庭出现混乱时，他们会主动调解。他们不需要别人的关注，而且对别人的痛苦感同身受，会帮助别人减轻痛苦。

### 勇者

勇者似乎很成功，情绪也很稳定。别人会以为他们的原生家庭很健康，因为在他们身上看不到丝毫机能不全的迹象。但勇者常常会觉得焦虑，会在感情上依赖别人，因为他们内心有羞耻感，也因为原生家庭忽视了他们的情感。

### 开心果

开心果是通过逗大家开心来掩盖家庭问题的孩子。他们已经形成了一套模式——掩盖问题、转移情绪、情感解离。在成长过程中，他们不愿意承认或明确表达自己的感受，甚至成年以后，他们还常常觉得自己应该为别人的感受负责。

### 调整者 / 适应者

他们会尽量保持沉默，置身事外，几乎能适应任何环境且毫无怨言。他们会顺从环境中发生的一切，不愿意别人关注自己。因此，他们有很多需求得不到满足，并且认为别人不能或不会满足他们的需求。由于他们从小就封闭自我，也不和其他人联系，因此成年后很难建立亲密关系。

### 发泄者（替罪羊）

他们经常被指责为家庭问题的罪魁祸首。他们会通过偷窃、撒谎、打架斗殴等能引起他人关注的行为来说明家庭机能不全。他们的行为会让家庭成员意识到家庭有问题。

### 如何修复兄弟姐妹之间的关系

如果你与你的兄弟姐妹相处得很不愉快，不妨参考以下做法。

**接纳**

顺其自然,不要逼迫他们。也许你不太能理解他们的生活方式,但你无法改变他们,劝说他们改变只会让他们对你敬而远之。

你可以与性格截然不同的兄弟姐妹和睦相处,前提是必须接受他们的不同,包括你认为不那么好的部分。例如,玛丽的弟弟卡特在20岁出头时被诊断出患有躁郁症。他喜怒无常、行为古怪,令人担忧。玛丽不希望弟弟来她家,但她很乐意每个月跟弟弟一起去他最喜欢的餐厅共进午餐。虽然姐弟关系并没有达到她的期待,但至少这是她能驾驭的相处方式。

**情感上更成熟**

要想获得内心的平静,你应该放弃控制别人的欲望,包括别人该做什么、不该做什么。你只能控制自己的反应。要允许别人展现出自己本来的样子。在治疗过程中,来访者总会提及很多别人的问题。但他们提到的"别人"并没有接受心理治疗,就算接受治疗,也不是和他们一起坐在这里,所以我会告诉来访者,我们改变不了他们提到的"别人"。我们的目标是让来访者深入了解自己的感受,改变自己的反应方式,放下自己的期望。

**宽容与共情**

格莱美获奖歌手柯克·富兰克林(Kirk Franklin)讲过这样

一个故事：一户人家有两个男孩，都是由酗酒的父亲抚养长大。一个儿子长大后步了父亲的后尘，也成了酒鬼。有人问他为什么会这样，他回答说："我跟父亲学的。"另一个儿子长大后没酗酒。有人问他为什么会这样，他回答说："父亲让我学到的。"同样的家庭，同样的成长经历，两兄弟却有不同的视角。

就算你和兄弟姐妹有着同样的成长经历，你也可以有完全不同的视角和收获。性格、气质、心理和情绪以及基因决定了你的思维模式。如果你把其他兄弟姐妹视为独特的个体，那么无论他们选择了怎样的人生道路，你都更能接纳他们本来的样子。

**消除怨恨**

怨恨会不断堆积，让你很难和兄弟姐妹相处下去。你需要觉察、分辨和感受你的情绪，无论是何种情绪。没有必要为过去的事情感到不安或者羞耻，你不是在胡思乱想，你也并非刻薄无情。不带评判地看待你的感受，这样你就不会把情绪发泄到别人身上。

把你的感受说出来能给别人一些启发，让他们更好地了解你的立场。谁也不能纠正过去，但认识到自己的创伤能帮助你们修复现在的关系，让你们今后更好地相处。

想要对兄弟姐妹说出你心中的怨恨，你可以参考下面的语句：

- "妈妈好像更喜欢男孩。我感觉她对我更严厉，惩罚我比惩罚你狠。"
- "你在家里想说什么就说什么，我可没那个胆量，而且你说什么爸妈肯听。"
- "爸妈总是吵架，但你好像根本不受影响。你能交到朋友，学习也好，我却受家庭影响很深。"
- "小时候，无论去哪里妈妈都让我带上你，所以那时候我对你很凶，一想到妈妈让我照顾你，我现在还会很不平。"
- "在爸爸眼里，你就是'掌上明珠'，可他对我很严厉。这些年我一直不想搭理你，因为我可不想多一个人把你当公主。"

**通过敞开心扉，摆脱内心不适**

你可以控制自己的表达方式，但你无法控制别人的反应，所以你自然会担心兄弟姐妹会反应过度或变得非常戒备。你可以换个角度，想一想坦诚相待会让你们更好地相处。你要知道，你愿意诚恳地说出你的心结，是因为你想改善关系、与他们和睦相处。如果对方变得很戒备，那就让他们也谈谈感受，因为你的话可能会让他们很震惊，这是他们过去从没有意识到的问题，虽然对你来说那是真实自然的感受。你可以尊重你的感受，但你不能否认他们的感受。

## 与兄弟姐妹相处时保持心态平和的六个策略

### ◆ 控制时间

弄清楚你与对方最多能相处多久不会失去耐心、变得焦躁。多久比较合适？多久你会情绪失控？

### ◆ 避免激烈的对话

你可能不愿意与兄弟姐妹讨论一些话题。哪些事不能提？你应该听多久再转移话题？

### ◆ 只谈论你觉得自在的话题

想让兄弟姐妹更多地了解你什么，你就说什么，说之前先做好准备。

如果有人问了个让你措手不及的问题，你可以这么说：

- "我还没打算说这事呢。"
- "这事我还没想明白，现在没办法谈。"
- "我知道你很担心。等我准备好了，一定会跟你详细聊聊。"

### ◆ 想方设法增进感情

有时候，高质量的相处胜过经常见面。你们不一定非要经常见面才能增进感情。不要强迫自己跟对方在一起时间太久。选择一项你们都喜欢的活动，比如一起看双方都喜欢的电视节目，或者去新开的餐厅共进晚餐。

### ◆ 尊重彼此的差异

与众不同没有关系，重要的是欣然接纳自己的与众不同。而决定了与别人相处，也应该欣然接纳他们与生俱来的样子，无论是在相互陪伴的时刻还是在分开的时刻。爱一个人意味着接纳他的独特之处。

### ◆ 设定界限、坚持界限

人和人的相处需要界限。你有责任设定你的界限，设定后你还得确保别人不能越界。例如，你既然跟哥哥说了，如果下次还想借钱，必须先把这次欠的钱还清，那你就得说到做到。也许他还会向你借钱，这你无法改变，但你可以明确你的界限。

## 子女关系疏远，父母应该如何处理

不管子女年龄多大，父母都不愿意看到子女不和。假如子女年龄还小，父母可以帮助他们更好地相处。可一旦子女长大成人，这就不是父母该干涉的事了。尽管你希望子女能和睦相处，但插手他们的关系会引发更多问题。

我听说过这样一个故事：有个人总跟他哥哥吵架，父母就劝他要"友善相处"，跟他说"无论如何都要爱哥哥"。他总觉得哥哥嫉妒他，故意找他麻烦。母亲去世后，他发现了母亲写的一篇日志，证实了他的担忧不无道理。母亲承认，她知道大儿子嫉妒、小气，但她不清楚他为什么会这样。原来母亲也看到了同样的问题，这让他感到如释重负。

**子女关系不和，你该怎么办**

- 尊重子女设定的界限，或者问子女："在这种情况下，你希望我们做父母的做什么？不做什么？"
- 不要强迫子女互相说话。不要用"等我死了以后你们也这样吗？"或者"我活着唯一的心愿就是你们能和睦相处"之类的话来道德绑架孩子。虽然子女和睦会让你感觉更好，但自愿的关系才是健康的关系。
- 与治疗师或信赖的朋友交谈可以帮助你处理子女不和带来的不适。不要掩藏悲伤，要努力克服悲伤。
- 保持中立，试着去理解双方。

子女可能会这样设定界限：

- "要是这次聚餐哥哥也来，请提前告诉我一声，我就不来了。"
- "别把我的事情告诉他。"
- "我不想知道他们的近况。"

**对于兄弟姐妹的关系，大家需要注意的几点**

- 你也许无法与兄弟姐妹成为最好的朋友。
- 成年后，你可能会和兄弟姐妹产生竞争关系。
- 你与兄弟姐妹之间的关系问题可能是父母造成的。
- 你也许不喜欢兄弟姐妹的个性。

了解了上述情况，只要你愿意，就可以克服困难，与兄弟姐妹和睦相处。

**练习**

拿出日记本或纸，回答下列提示性问题：
1. 你与兄弟姐妹相处的过程中最大的三个问题是什么？
2. 可以做些什么来使你们今后的交往更加自在？

第十三章

# 如何处理与子女的关系

克里斯上一次和女儿瑞秋通话还是在两年前。与共同生活了21年的前妻离婚后,克里斯总希望能多花些时间和女儿在一起,可女儿总是很忙,就算在一起,女儿也总是情绪低落,不愿意跟他说话。克里斯知道离婚影响了他和女儿的关系,但他还是不能接受,女儿竟然两年都不跟他见面,也不联系。

小时候,瑞秋是克里斯的宝贝女儿。她12岁那年,克里斯与前妻的矛盾越来越深,瑞秋选择跟母亲在一起。弟弟兰斯比她小5岁,他似乎很中立,和父母的关系都很好,父母离婚后他选择和克里斯一起生活。

大学放假,瑞秋也没有去看望父亲。克里斯很受伤。当他跟别的女人约会时,瑞秋就开始说那个女人的坏话,还说母亲是多么不幸。从那以后，瑞秋就不接克里斯的电话了，他打了几次都没打通，最后只好放弃，他不想勉强维持这样的关系。他没有出席女儿的毕业典礼，也不知道她住在哪里，在哪里工作。他心里挂念女儿，却不知道如何修复父女关系，甚至不知道是否还能挽回。

克里斯不好意思跟别人谈起这件事。在治疗过程中，只要谈到可能导致父女关系破裂的原因，他就表现得很戒备。他把大部分责任都推给了前妻，说"她让我看起来像个没人性的恶魔""是她让女儿跟我反目成仇的"。可另一方面，克里斯和儿子的关系很好。他们每周至少通一次电话，经常发信息，有时还一起旅行。然而，兰斯只想置身事外，避免冲突，所以他从来不提姐姐。克里斯知道兰斯和瑞秋有来往，但他什么都不敢问，因为他害怕父子也闹僵。跟儿子在一起时，他经常如履薄冰。

克里斯来找我是因为他很焦虑。过了一段时间，他才吐露他的真实感受——他感到自责、难过，害怕再也没机会跟女儿说话了。想要缓解焦虑，他需要坦然地表达自己的感受，学习自我关怀，并认识到自己的哪些行为造成了现在的局面，这样他才能确定今后该怎么做。

**勇于承担责任很重要**

如果问题与你有关，有时你会极不愿意承认是你的行为导致了与孩子的冲突，但承认事实能挽救你们的关系。

人往往会重复父母的行为。因此，许多人并不会成为自己想成为的那种父母。你有必要弄清楚你想用哪些不同于你父母的方式来养育自己的孩子。

归根结底，只有你的孩子才能评判你作为父母的表现，而不是你。父母会觉得"能做的我都做了"，而孩子可能会觉得"父母从没给过我支持"。这两种感受都是真实的，但我们必须探究父母与孩子的感受有哪些差异，而不是否认差异。有可能父母认为自己做的事非常重要，但并不是孩子需要的。

**父母与孩子感受差异的例证**

- 父母："我是个单亲妈妈，为了保证我们母子的生活，我拼命工作。"
  孩子："妈妈从没来看过我比赛。"

- 父母："我小时候爸妈什么也不跟我说，我想把所有事都告诉孩子。"
  孩子："有些事爸妈跟我讲得太早了，我还没准备好面对。"

- 父母："我酒瘾很大，连自己的问题都没处理好，更别说照顾好孩子了。"

> 孩子:"我爸爸是个瘾君子,现在他戒酒了,他希望我立刻就能原谅他。"
>
> - 父母:"我孩子的童年很美好,我总会让他们开心。"
>
> 孩子:"我爸妈从没问过我的感受,他们只是告诉我该如何感受。对他们来说,我**表现出**开心最重要。只要我有一点不开心的情绪,他们就说我敏感矫情。"

父母即使本意是好的,也会无意中伤害孩子。要想修复亲子关系,重要的是承认自己在伤害过程中所扮演的角色,无论是有意的还是无心的。

## 孩子年幼时父母常犯的错

### ● 对孩子撒谎

要想让孩子对你诚实,你也得对孩子诚实。应尽早以适合孩子年龄的方式建立信任。

### ● 不承认你也会犯错

父母常会犯错,要勇于承认错误。要想让孩子负起责任,你得先勇于承担责任。孩子就像吸水的海绵——他们会内化你的行为，无论好的坏的。

### ◆ 以同样的方式养育不同的孩子

每个孩子都不一样，对你的需求也不一样。你不能以同样的方式养育两个不同的孩子。要了解每个孩子，根据他们的独特需求进行养育。

### ◆ 不是孩子的责任还怪罪他们

父母经常让孩子做一些超出他们能力范围的事，一旦出现问题，就要他们承担责任。例如，内瓦荷想把攒下来的钱用来毕业旅行，可母亲却要拿出这笔钱借给一个亲戚。内瓦荷最后决定去旅行，亲戚没有借到钱很不高兴，母亲就怪罪内瓦荷，说她自私。

## 尽早建立情感连接

与年幼的孩子建立情感连接对父母双方都有益。父母分居会阻碍孩子与离开的那一方建立连接。心理健康、父母双方的关系都会影响父母与孩子之间最初的连接。父母情感上的疏离、淡漠或情绪问题也会损害亲子关系。虽然童年的经历并不一定能决定将来，但有些人很难从童年时受到的伤害中走出来，它的影响会持续到成年。

杰西卡能来到这个世界源自父母一次不负责任的性行为。父亲得知母亲怀孕时同意陪在她身边，可等到杰西卡出生后，他就搬到了其他州。每次杰西卡去看父亲，都觉得自己像是跟一个陌生人在一起，父女关系非常尴尬，她只能硬着头皮跟父亲保持联系。

与不在一起生活的孩子保持联系也不是不可能，但父母必须积极参与孩子的日常生活，长此以往，就能与孩子建立亲密关系。想要和成年子女关系亲密，尽早打下基础很重要。

## 离婚和分手会改变亲子关系（无论是对年幼子女还是对成年子女而言）

即使父母是在子女成年后关系破裂，子女也会感到痛苦。这里的父母也包括没有血缘关系的父母，因为孩子对继父母以及在他们的生活中扮演重要角色的人同样会形成依恋。

作为父母，你在如何处理分手这件事上起着至关重要的作用。最好的做法是双方都与孩子谈一谈感情破裂的问题，向孩子明确这不是他们的错，并讨论家庭未来的相处模式。

父母感情破裂对孩子造成创伤通常有以下原因。

### 父母很悲伤并且变得更加孤僻

感情受挫的父母会避开家人。然而，不管父母在心理上、情感上经历了什么，孩子仍然需要父母的照护。

**父母对前任充满愤怒**

人们都希望能与伴侣携手共度余生,但如果事与愿违,一方就可能会对另一方充满愤怒。但离开伴侣并不一定意味着离开孩子。父母的争吵通常都会影响到孩子(包括成年和未成年的)。有时,父母会向孩子发泄对伴侣的不满,有意迫使孩子站在自己这边。无论孩子什么年龄,父母都不应该把他们当作自己与另一半的关系受挫的情绪宣泄口。

父母必须注意,不要让自己对前任的感情影响到孩子的感情。你的愤怒情绪常常会妨碍孩子与你的伴侣的相处,这对孩子非常不利。我经常看到,当父母必须共处一室时,成年子女在情感上非常痛苦。愤怒受伤的那一方确实很难抑制住自己的情绪,但就算父母情感破裂,孩子也有必要与父母双方保持健康的关系。

**父母过于依赖孩子的情感支持**

孩子在情感上还没有足够成熟,无法处理他们对父母之间的关系的感受。但如果你的另一半虐待你和孩子,告诉孩子你的感受,会让孩子觉得自己并不孤独。

有害的说话方式就像下面这样:

- "你妈妈就是个荡妇,自始至终都对我不忠。"
- "你爸爸只想着他自己。"

◎ "你妈妈太懒了,她的生活总是一团糟。"

有益的分享就像下面这样:

◎ "我能看出你妈妈的人际关系对你的影响。"
◎ "跟你爸爸沟通是挺难的,我也不知道他是否意识到了这一点。"
◎ "我也希望你妈妈能想好下一步该怎么做。"

**经济状况发生改变**

父母离婚势必会影响家庭,这种经济上的不安全感会影响孩子的安全感。孩子也许得跟着大人搬到更小的房子或住到亲戚家,父母也许需要成年子女的经济支持。这个重要的变化可能是离婚带来的又一个意外的后果——它会影响整个家庭。

**孩子要承担更多家庭责任**

大人关系破裂后,孩子可能会扮演离开的另一半的角色或承担更多的家庭责任。比如,爸爸不能再接弟弟妹妹放学,只能由哥哥姐姐接替。尽管孩子愿意为家庭做出贡献,但也会为要替父母承担职责而怨恨父母。

**父母过度关注自己的感受，忽视了与孩子的交流**

即便孩子表面看起来一切都好，在这个阶段他也还是会有自己的一些特殊感受。父母分手后，孩子更需要父母的关注。孩子回答"没事""挺好"时，正是父母深入了解孩子的机会。变故总是令人痛苦，我们需要处理情绪，孩子亦是如此。

**家庭结构永远改变了**

并不是所有的伴侣都能长久幸福地生活下去。孩子和父母都会因为关系的结束而悲伤，也都会不断设想，如果这段感情没破裂，生活会是什么样。父母应该注意到，分手同样会让孩子很悲痛。

**如何修复损伤**

**原谅自己**

过度关注孩子的怜悯式育儿是许多依赖共生关系的根源。父母也会犯错。所以，要原谅自己不够明智或者没有做出更好的选择。不要只盯着自己做得不好的地方，而要肯定自己做得好的地方，并发挥你的优势，更好地养育孩子。

**培养更多的同理心**

同理心是成为更好的父母的关键。父母要考虑孩子的感受，也要理解自己，理解自己小时候对于生活的感受，这能培养同理心。成年人应该能理解孩子，因为他们都曾是个孩子。深入地了解自己在特定年龄段经历生活变化的感受，你就能更好地理解孩子的感受。

### 了解自己的童年

停止运用你小时候已经习惯了的模式来养育你的孩子。你父母为你做的有些事可能对你有帮助，有些则不然。不要重复对你无益或不健康的养育模式。对新的养育方式要保持开放的心态，不要说"我小时候就这样，你也得这样"。时代在变，养育方式也要变。

### 接受不完美

跟着我说一遍：世上没有完美的父母。无论你多尽心尽力，孩子都会有不满意之处。我发现那些能意识到自己的养育方式的父母通常做得更好，因为他们担心自己会给孩子造成不好的影响。你需要把担忧转化为行动，主动与孩子聊聊，并在需要时关怀自己。你不可能面面俱到、事事完美，这没关系。

❖ 世上没有完美的父母。

### 承认自己在养育过程中犯的错

在与人相处的过程中，如果你能认识到自己对另一方的影响，那你们的关系会截然不同。表现出悔意并不能说明你是个糟糕的人，而是能说明你是个不断学习并愿意探索如何改进的人。在向孩子道歉时：

- 要倾听他们的感受和立场，不要为自己的行为辩解，也不要澄清自己的意图。让孩子觉得他得到了倾听，他的需求得到了认可，这至关重要。
- 感谢孩子给了你倾听、交流的机会。
- 问孩子"现在你需要什么"。过去犯的错误无法纠正，但你可以继续前行，弄清楚孩子需要你做些什么，怎样才能改变你们的关系。
- 定期了解你们相处时孩子的感受。你可以主动问孩子："我们最近相处得怎么样？"对那些表现出愤怒或消极对抗的孩子，这个做法特别有效。
- 允许孩子提起往事。虽然你不希望孩子总是"揭你的伤疤"，但你不能忽视你的错误给孩子带来的伤害。因此，要给孩子机会，让他们放心大胆地谈论过去的问题。但你绝不能让孩子拿你当出气筒，孩子在提起过去的伤害时必须保持言语上的尊重。

## 你无法控制的事

子女成年后你不可能掌控他们生活的方方面面，给孩子成长的空间，让他们成为自己想成为的人，这对亲子关系有益。成年子女首先是**成年人**。就算你和成年子女观点不同，也不要表现出反对态度，这会伤害亲子关系。

从大人与孩子的相处转变为两个成年人的相处，这会让双方都觉得不适应。成年子女很难做到不冒犯父母，而父母又很难找准自己的位置。请记住，养育孩子的目的就是让他们成为独立的个体。随着孩子自主性越来越强，亲子关系也会转变。

第一次转变始于孩子青春期，这时孩子会疏远父母，会花更多时间和朋友在一起。第二次转变是孩子搬出去独立生活，开始谈恋爱，也许还会结婚生子。在每个阶段，父母都要放弃对孩子更多的控制。如果父母对成年子女的控制程度还和子女小时候一样，就是非常不健康的做法。

**想要与成年子女保持健康的关系，你应该怎么做**

*给他们自由，让他们独立做决定。*鼓励他们自己想办法，而不是你告诉他们答案。你一定希望孩子能学会自己做出有益的决定，而不需要父母出谋划策。

*学着问孩子"你需要我的意见吗"。*如果你认为有必要介入，请先征求他们的同意。如果他们回答"需要"，那就认真倾听他们的表达，然后你们一起想办法解决。

*不要再替他们决定怎样最好。*你已经把孩子**养育成人**，不

需要**再养育**他们了。

**以不同的方式参与子女的生活**。传统在变，需求在变，因此，与子女相处时你的参与方式也会改变。子女刚离家时与父母联系可能会更频繁。然而，等他们生活逐渐稳定下来，一天联系两次可能会变成一天一次，最后变成一周一次或更少。

**不要总拿子女以前的表现来要求他们**。要允许孩子改变。不要用内疚绑架他们，强迫他们成为你最喜欢的样子。"以前你每天都给我打电话，瞧你现在多忙。"

**学会共享**。孩子长大后就不再专属于父母，他们会结婚，会有伴侣、公婆、岳父母，也会有自己的社交圈和自己的事业，这些都会让你们的关系发生转变。

**为彼此留出一定界限**。父母没有权利无限度地接近孩子。

**你希望看到什么改变，就要先做出这样的改变**。父母："孩子从不主动给我打电话。"心理治疗师："你给孩子打过电话吗？"父母："没有，孩子太忙了。"如果你希望看到改变，那么你需要先迈出第一步。不要只期待别人改变，自己却不行动。

想要与成年子女保持健康关系，请先想想成年人与成年人是如何相处的，比如同事、朋友之间如何相处。理想的情况是，成年人会相互尊重、相互理解，并尊重差异。如果父母能把成年子女当成同事、朋友一样相处，关系就会更加融洽。

成年子女也需要父母的呵护和关照。人不会因为长大就不再需要疼爱，只是方式有所不同。养育子女是父母终生的事业。但要记住：对于成年子女，你需要做的是支持他们，而不是管理他们。

**冲突的常见原因**

父母无法选择自己的孩子，无条件的爱也并不能解决核心问题。就算你不喜欢你的孩子，你依然会爱他们；就算你不想靠近你的孩子，你也依然能爱他们。你的性情和生活经历都决定着亲子关系的质量。

根据对父母的调查显示，心理问题和不同的生活方式是亲子关系面临挑战的常见原因。无条件的爱并不意味着父母必须容忍孩子的一切行为。归根结底，所有的关系，即使是亲子关系，也都是有原则的。

**心理问题**

如果孩子拒绝接受心理治疗，多数父母会感到痛苦。以前我有个邻居的儿子被诊断为患有精神分裂症。她好心提醒我，如果她儿子去我家，别给他开门。多年来，她一直在哄骗儿子服药、接受治疗，最后她决定不再跟儿子战斗。由于儿子之前打过她，所以她不允许儿子再进家门。这对她来说是个艰难的选择，但她别无选择。

**生活方式的差异**

成年子女可以决定自己成为怎样的人。他们有权利选择不做符合你理想的人。

生活方式的差异体现在：

- 消费习惯
- 恋爱观和婚姻观
- 饮食习惯
- 政治观点

伊娃与儿子迈尔斯的关系一直不融洽，起因是儿子五年前娶了安布尔。安布尔控制欲很强，似乎总在挑拨迈尔斯和他所爱的人之间的关系。伊娃觉得，迈尔斯似乎不再是过去那个懂事体贴的儿子了，因为他任由安布尔破坏他与别人的关系。

有时修复亲子关系只是单方面的意愿，但要想真正修复关系，双方得都愿意才行。

**养育成年子女**

有时，成年子女的发展并不像想象中顺利，但这并不是说继续把他们当孩子看待就会有帮助。父母担心子女并尽己所能地照顾子女，这可以理解，但这样做会让父母付出沉重的代价。

根据美国金融服务公司MagnifyMoney的研究结果，在所有年龄段的成年人中，有22%的人接受父母的经济支持，而Z世代成年人相对应的百分比则高达67%。如果没有父母的支持，成年子女很可能无法养活自己，因而一些父母无意中建立了依赖共生的关系。

而金融服务公司Bankrate的一项研究发现，34%的父母的退休金吃紧，因为他们要给成年子女买房子，还要给子女救急。这个问题解决起来很麻烦，可能需要财务顾问或心理治疗师等专业人士的帮助，但如何解决不应该完全取决于父母。

父母都希望自己的孩子在任何年纪都能得到很好的照顾，但有一点需要谨记：可以帮助孩子，但不能纵容孩子。

帮助成年子女应该是这样的：

- 给子女提供支持，但支持是暂时的且有时间限制。
- 教子女如何做事，而不是替他们做事。
- 给子女提供支持，但要设定界限。
- 放手让子女寻找解决方案，而不是告诉他们办法或者由父母来解决问题。
- 慢慢地从照顾者的角色转变为更具支持性的角色。

如果成年子女的行为没有界限，那么从子女的长远利益考虑，父母必须弄清楚如何以不同的方式养育。父母可以给予支持，但前提是支持必须有界限，不能损害父母的利益。

## 如何解决与成年子女关系的难题

### 家庭治疗

独自解决问题并不总是最好的解决方案，家庭问题有时离不开专业人士的帮助。在治疗过程中会有一些问题浮出水面，如果没有专业人士的帮助，这些问题也许永远得不到解决。

如果你对家庭治疗有兴趣，邀请你爱的人一起参与治疗会有帮助。你可以参考以下方式：

- "我爱你，我想改善我们的关系。我已经找到了合适的家庭治疗师，你想和我一起治疗吗？"
- "我发现，每次我们讨论问题的时候都会吵起来。我希望能和专业人士聊聊我们的沟通方式。"
- "你对我很重要，请和我一起接受治疗吧。"

### 个体治疗

如果家人不愿意接受治疗或者你还没准备好邀请他人一起参与，你可以尽量自己解决问题。接受治疗的人通常会描述他们与未接受治疗的家人是如何相处的。即使另一方不在场，你也可以学习如何处理棘手的人际关系和自己的感受。个体治疗能帮助你修正自己，更好地与人相处。

## 养育自己的孩子：如何塑造不一样的未来

拒绝重复不健康的循环并采取与你的父母不同的养育方式能帮助你改变未来。你的家庭存在哪些问题？你需要做些什么才能创造不同的结果？下面我们就来谈谈打破代际模式的几种方法。

### 鼓励孩子说出自己的感受

西德尼11岁那年，他的父母离婚了。直到父亲收拾东西离开家，西德尼和弟弟妹妹才知道这件事。没人告诉他们发生了什么，只有轻描淡写的一句话，"一切都会好起来的"。可孩子们并不觉得一切都会好起来，因为他们的生活发生了重大变故。

每次西德尼说到离婚，母亲就会故意岔开话题。既然提了母亲不高兴，西德尼索性就不再说了，但这样并不好，因为孩子需要与生命中的成年人建立情感连接。

在家庭中，感情往往是不能提的禁忌、被忽视的话题。但就算我们闭口不谈感情，感情也存在。如果家庭出现危机，孩子是能意识到的，而与大人谈论他们的感受会让他们感到不那么孤单。

注意不要做出不能实现的承诺，比如"一切都会好起来的"

或者"没那么糟"。有时情况**并不会**变好，而且**确实**很糟。作为成年人，你可以倾听孩子的感受。也许你无法改变现状，但听孩子倾诉五味杂陈的感受能让你与孩子心意相通，孩子会明白你关心他们，想帮助他们渡过难关。

哪些做法会让孩子情感淡漠：

- 因为孩子敏感而羞辱孩子
- 阻止孩子流露情绪
- 不给孩子消化情绪的时间就要求他们克制情绪
- 孩子难过时对孩子说"你没问题的"
- 告诉孩子应该如何感受
- 告诉孩子应该有怎样的感受并强迫孩子认同
- 回避涉及情感的对话
- 不在孩子面前表达情感
- 在孩子面前假装你们总是一团和气

**犯了错要向孩子道歉**

为人父母让我认识到我并不是什么都懂。我会犯错，而如果我犯了错就应该道歉。我小时候目睹过有些成年人做错事后只会给自己找借口或者一口咬定自己没错。他们不会道歉，也不会承认自己言行的不妥之处。承认自己的无知比假装聪明更需要勇气。

下面这些情况下你需要向孩子道歉：

- 因为愤怒或挫败感而向孩子大吼大叫
- 忽视或否定孩子的情感
- 你错了
- 不给孩子适当的指导就让孩子自己照顾自己
- 冤枉孩子
- 虐待孩子

道歉并不一定有用，但它能让孩子知道你愿意为自己的过错承担责任。

向孩子道歉时可以这么说：

- "我刚才大喊大叫了，这样做不合适。我向你道歉。"
- "你刚才想跟我说话，但我没仔细听。对不起。你现在能再说一遍吗？"
- "我没搞清楚情况。你是对的。"
- "没人指点你肯定不知道该怎么做。我应该帮帮你的。"
- "对不起，错怪你了。是我不对。"
- "我不该那样跟你说话。是我的错。"

**让孩子看到你的情绪，并向他们解释你的感受**

掩饰痛苦对你和孩子都不利。与他人谈论你的感受需要足够的勇气。我经常听到来访者说："我从没见过我妈妈生气。她总是很平静。"允许自己有情绪，孩子才能放心大胆地表达他们的情绪。不妨以适合孩子年龄的方式谈论你的感受。

谈论感受时可以这么说：

- "我哭是因为我妈妈去世了，我很想她。"
- "我大喊大叫是因为我很生气。"
- "我想自己待一会儿，因为我有点难过。"

当孩子看到你遇到了不开心的事情时，不要否认你的感受。否则当类似的事发生在孩子身上时，他们会不知道该如何自然地应对。不妨直截了当地说出来，孩子能接受。不必假装没事地跟孩子说"我不难过"或者"我很好"。

当然，父母有时会分享得过于频繁、过于琐碎。只要你不是让孩子来呵护你的情感，而是偶尔与孩子分享一下感受，这就没什么问题。如果你觉得自己谈论得太多，这可能是一个信号，说明你需要与成年人——比如心理健康专家——交谈。

**陪孩子做他们想做的事**

最近的一项研究发现，高质量的陪伴胜于长时间的陪伴。幸运的是，当今父母更愿意跟孩子一起玩耍，给孩子读书，陪孩子参加各种各样的活动。

至于陪伴的质量怎样才算高，目前并没有确切的数据，但父母有必要陪伴孩子做他们喜欢的事。孩子需要知道，你关心他们感兴趣的东西，这也是为什么孩子会说"看，这是我画的画"或"和我一起看电视吧"来争取父母的关注。

如果一个人是在有毒家庭中长大，那么父母通常不会走进他/她的世界，这样家庭里的父母即使能陪伴孩子，也会非常死板冷漠，不会和孩子一起乐在其中。他们也许会逼迫孩子参加活动，而这并不能等同于走进孩子的世界。要真正找到孩子感兴趣的活动，不能强迫他参加或者只是让他愿意参加。父母需要加入进来，比如帮助孩子练习、准备比赛。与其为孩子选择活动，不如问问他们真正想做什么。

**教孩子用健康的方式应对情绪的触发因素**

只要是人，情绪就会被触发，或大或小。孩子发脾气是因为他们情绪失调。因此，教给孩子一些自我调节或（与他人）共同调节的策略会很有帮助。

自我调节策略有：

- 深呼吸
- 玩解压玩具
- 写日记

共同调节策略有：

- 互相诉说烦恼
- 与别人一起深呼吸
- 拥抱

**成为孩子需要的父母，成为你希望儿时能拥有的父母**

你应该最懂孩子，因为你曾经也是个孩子。还记得你小时候情绪失控的感觉吗？还记得大部分事情都要依赖大人的感觉吗？好好回想一下儿时的你，回顾童年的自己，从而了解如何更好地养育你的孩子。

每个人都是独特的。每个人的需求都有差异，不能用同样的方式养育不同的孩子，那无法满足孩子不同的需求。而且，你不能以为孩子的需求跟你小时候一样。一方面，你需要凭借你儿时的感受、体验去共情孩子，另一方面，你也要满足孩子的独特需求。

随着时间的推移，养育应该从更多的亲身参与慢慢转变为支持孩子过他们自己想要的人生。亲子关系的转变也许很复杂，但孩子一直在成长和发展，这种转变是有益的。孩子每成长一步，父母就要进一步放手。孩子过渡到成年子女的角色可能比较困难，在这个过程中，如果父母能够给予支持，而不是控制，相信孩子就能很好地完成蜕变。

> **练习**
>
> 拿出日记本或纸，回答下列提示性问题：
> 1. 你过去/现在对于亲子关系有着怎样的期待？
> 2. 孩子需要从你这里听到什么？
> 3. 想要支持孩子，你需要设定怎样的界限？

第十四章

# 如何处理与大家庭的关系

亲人去世时，除了要应对悲伤的情绪，也要面临家庭关系的考验。祖父阿尔伯特去世后，埃弗里的大家庭陷入了混乱，因为祖父在遗嘱中漏掉了两个姑姑、叔叔和堂/表兄弟姐妹。他们认为，那些分到遗产的人应该各自拿出一部分来补偿他们。一家人为此吵得不可开交。

看起来祖父对五个孩子是一样疼爱，但日子久了，大家都知道长子和长女才是他的最爱。祖父在世时对五个孩子一视同仁，但在遗嘱中，他只把家产分给了长子长女和十二个孙辈中的两个。

祖父去世后，这个大家庭再也没有聚会，因为每个人对遗产分配都不满意。埃弗里的父亲排行老二，他和两个妹妹也断绝了来往。

埃弗里跟祖父从来都不亲，所以名字没出现在遗嘱里，她一点也不惊讶。她想不通，为什么父亲和姑姑们不能为了这个家的团结而放下纷争，那毕竟是祖父的决定。但她知道，说出真实想法只会让她被家族视为异己。

她从小常和堂/表兄弟姐妹、姑姑和叔伯们待在一起，但现在大家都互相有意见，想要保持联系越来越难。她谁也不想偏袒，可又不想私下单独地和亲戚交流。姑姑们每次找她聊天时都要说自己哥哥姐姐的坏话。

埃弗里订婚了，她想邀请亲戚们参加婚礼，可又不敢把他们都安排在同一个厅里。为了排座位，她很是费了一番脑筋，因为她得让亲戚们分开坐，她也知道，父亲肯定会因为她请了亲戚而生气。

埃弗里想告诉父亲，她打算邀请叔伯姑姑们参加婚礼。埃弗里预料到，父亲肯定会勃然大怒，觉得女儿背叛了自己，不知如何是好的埃弗里最后找到了我。

## 左右为难

就算家庭纷争与你无关，也会影响到你。你的父母与兄弟姐妹不和，势必会影响你与姑姑、姨妈、叔伯、舅舅、堂/表兄弟姐妹和祖父母/外祖父母的关系，可你又不能强迫别人修复关系。

埃弗里希望保持中立。只要她不去劝亲戚们彼此联系，就可以一直维持这种状态。她未来完全可以私下里和叔伯、姑姑们单线联系，但婚礼却让事情变得有些复杂。

**埃弗里该怎么做**

◆ **诚实**

埃弗里可以坦诚说出自己的想法——虽然大家存在矛盾，她仍希望与大家保持联系——尽管这么做会引起部分人的不满。

◆ **设定界限**

埃弗里可以告诉大家，她不打算掺和他们的矛盾。她可以这么说：

*对父亲说*："爸爸，我理解遗嘱里没有你的名字你很不满，你和兄弟姐妹有矛盾，但我和叔伯姑姑们相处得很融洽，希望你能从我的立场考虑一下。"

*对姑姑、叔伯和堂/表兄弟姐妹们说*："希望你们之间的矛盾不要影响我们之间的关系。"

◆ **让别人自主选择**

有些亲戚也许不会出席埃弗里的婚宴，因为他们不想看到其他亲戚。这是埃弗里无法控制的，她需要学会应对大家相处不融洽的局面。

- **保持中立**

埃弗里不应扮演家庭纠纷调解者或者家庭心理医生的角色。她需要做的是让别人知道她是中立方，不想卷入纠纷。

家庭矛盾往往是由财产继承问题、伤人的流言蜚语、家庭长期机能不全（如存在成瘾或虐待问题）或父母不能一视同仁引起的。如果你看过《为人父母》(Parenthood)、《我们这一天》(This Is Us)或《继承之战》(Succession)之类的家庭剧，你会发现一定有上述原因在主导。例如，在电视剧《无耻之徒》(Shameless)中，每个家庭成员都有不同的机能不全问题。但父亲弗兰克·加拉格尔最喜欢儿子利亚姆，也许是因为他最小，对父亲的问题最不在意。与其他五个孩子相比，利亚姆与父亲相处的时间更短，所以，他对父亲的印象还没有那么差。此外，弗兰克也很在意他与小儿子的关系，可能是因为这是他最后一次当"好爸爸"的机会。

## 与祖父母/外祖父母、姑姑/姨妈、叔伯/舅舅和堂/表兄弟姐妹的常见矛盾

### 因为旧事争执

在许多家庭中，历史会重复上演，有时甚至会延续几代人——除非有人敢于指出并谈论家庭中的问题。但谈论不同于争

吵，争吵是大吼大叫，吼叫的结果是谁也说不清自己的观点。当然，有些家庭矛盾根深蒂固，可能需要专业人士的帮助，或者只能放下。

每次在家庭聚会上，莎莉的母亲、姨妈和舅舅们都会吵起来。一开始聊得还算愉快，但最后难免会升级为大吵大闹。莎莉后来会有意识地避开家庭聚会，她实在无法忍受长辈之间撕破脸。

如何处理类似问题：

- 明白并非所有问题都能得到解决，尽量说服大家不要旧事重提。
- 如果你感到内心的平静被打破了，那就不要再想这件事。
- 一对一地讨论问题，而不是大家一起讨论。
- 在争吵升级前尽早离开。

**感觉被排除在外**

你可能听过这样一句话："想要了解一个人，不妨看看他/她如何面对新生命降生、结婚或死亡吧。"在面对重大的人生事件时，家庭会遭遇最大的挑战，所以事先沟通好期望值很重要。

米格尔和姑姑帕特里斯一向很亲密。米格尔就要结婚了，姑姑觉得自己和米格尔关系最好，肯定是婚礼上的重要来宾。可米格尔忙于准备婚礼时，和姑姑联系得很少，这让姑姑觉得受了冷落，心里很不满。

对自己与他人的关系抱有期望是人之常情，但别人能否达到期望不是我们能控制的。随着我们越来越成熟，认识新的朋友，我们对人际关系的期望也会发生变化。开启新的关系或是对旧关系的热情发生变化——比如你没有请妹妹当你的伴娘，或者你邀请亲戚到你家做客却没请曾经跟你最要好的表哥——都会让有些家人觉得受到了冷落。你变了，你与他人的关系也变了。

如何处理这样的问题：

- 尽早说清楚你的想法。"我们两个人一起筹办婚礼，能学习如何更好地合作。"
- 确保对方听清楚你的想法。"不知道我刚刚说清楚了没有，你能理解吗？"

**总听到伤人的话**

很多家庭中至少有一个说话没礼貌或者喜欢挖苦人的亲戚。多数人会说："别计较啦，他就是那样的性格。"但就算别人能接受，我们也不必容忍言语刻薄的人。

如果在圣诞节晚宴上有人对你说："还记得你小时候睡在我床上还尿床的事吗？"家人可能都会觉得这是个玩笑，开开玩笑能增进感情，但时间长了，某些玩笑就会变得伤人。这时你应该说出你的想法，让家人知道你不接受这样的玩笑。"那么认真干吗？只是开个玩笑"这样的话实际上是在对别人进行煤气灯操纵。操控者实际上是在说："我才不会承认事实呢，我就是要让你觉得自己不正常。"你怎么也想不到会有人用这样卑劣的手段实施操控，所以你就会拼命去想是不是你出了问题。事实上，你没问题，你**没有**不正常。煤气灯操纵的目的就是让你质疑自己。

克里斯最近长胖了，家庭聚会时有好几个亲戚都提起这件事，有人甚至拿体重调侃他。克里斯很受伤，但不知道怎么做才能让他们停止。

如何处理这样的问题：

- 大声说出来。"别再说我的体重了。一点不好笑，而且很伤人。"
- 重复自己的话。"我刚刚说了，我知道我胖了。你们一再提这个事也不能让我瘦下来。"
- 如果你的请求一而再，再而三地遭到忽视，考虑一下是否要减少与亲戚接触的次数。

**与家庭传统背道而驰**

我们总是在成长和变化——有时是朝着与家庭传统背道而驰的方向。家人也许很难接受这一点。这并不是说他们不希望你好，而是因为你的改变在提醒他们，他们在原地踏步。

塔玛拉结婚两年就离婚了，她和丈夫有一个孩子。家里人都不想跟她有来往，他们把婚姻看得尤为重要，认为就算婚姻亮红灯也不该离婚。

米茜是表姐妹里唯一上过大学的人。后来她进入了律师行业，收入很高，可家里人都讽刺她炫富。她很真诚地和家人交流，可他们专门挑她的短处攻击她。米茜觉得，在亲戚面前，她必须隐瞒自己的真实情况。

如何处理这样的问题：

- 做你自己。伪装会损害你的心理健康。
- 你无法改变大家庭成员对你的看法。他们有他们的局限性，所以才会那样看你。他们希望你也不思进取，这是你无法控制的。
- 尽可能寻找共同点。

如何创造你想要的生活：

- 无论家人说什么，都要走自己的路，有更高的追求。
- 善待家人，但不要纵容他们。

- 养成新习惯。
- 接受现实：有些人就是反对你为自己做的每一个决定。
- 即使别人不相信你，你也要相信自己。

**意见不合**

对于大家庭而言，政治立场、性别认同、是否要生儿育女等都可能成为引起冲突的话题。很多人不仅不理解，还会争论不休，总想要改变对方的想法或否定别人的信仰体系、生活方式。最好的应对方法是坚持做自己，同时不要试图去改变那些不愿意理解你的人。

梅根决定不再隐瞒，她喜欢上了比自己年龄大很多又离过婚的男人，她要带着未婚夫参加家庭聚会。她知道家人可能会反对，但她已经长大了，家人的意见对她来说没有那么重要了。尽管父母很不满意，但她的兄弟姐妹都表示支持她的选择。

如何处理这样的问题：

- 认识到家人并不一定要同意你的决定。
- 事先与每一位家庭成员谈谈你期望他们做些什么。即便不同意或不接受你的选择，他们也应该尊重你。

- 想办法脱离那些贬低或嘲笑你的环境。你无法改变他人,但你可以选择远离他们。
- 拒绝争吵。争吵必须双方参与,所以只要你愿意,你可以阻止争吵发生。

**遗产纠纷**

一旦涉及金钱,家庭关系就会变得特别复杂。有些人觉得自己跟逝者关系更近,理应分得遗产。有些人会觉得其他人不配分到遗产,家庭成员之间会为此起冲突。如果遗产分配不均,让有些人觉得自己被排除在外,那就会出现纠纷。

祖父的遗嘱对儿孙们很不公平,但孙女埃弗里可以选择如何应对由此引发的家庭冲突。

如何处理这样的问题:

- 有疑问就提出来,不要猜测别人的动机。
- 弄清楚你在生谁的气,不要把愤怒发泄在不相干的人身上。你无法控制别人如何分配财产。
- 如果觉得没什么不妥,你可以提前公开你去世后的财产分配方案,这样继承人就不会感到意外。

***请记住***:亲戚是指与你有血缘关系的人,而家人则是能给

你归属感、接纳和连接感的人。想要保持关系，你不得不接受某些家庭成员不符合你心目中的理想形象。你只能去适应他们，而不是强迫他们按照你的期望行事。有些问题值得你去抗争，有些问题则不值得。不要因为对方与你有血缘关系就容忍他/她对你的刻薄和残忍。

---

**练习**

拿出日记本或纸，回答下列提示性问题：

1. 你们这个大家庭成员之间的相处有哪些关键问题？
2. 你与哪位家人最疏远，与哪位家人最亲近？
3. 在试图改善你与家人关系的过程中，你遇到了哪些障碍？

第十五章

# 如何处理与伴侣家人的关系

很多来访者都跟我抱怨过与伴侣的家人不和。尼娅一直梦想着能与婆婆多丽丝好好相处，她和母亲的关系不太理想，所以她希望能和婆婆像母女一样亲密。

遗憾的是，婆婆让她很失望。尼娅不但没有美梦成真，反倒像是做了场醒不来的噩梦。婆婆控制欲强，说话尖酸刻薄，她更像是儿子的女朋友而不是妈妈。在他们家，似乎只有尼娅一个人对婆婆的专横有意见。

一开始，她们相处得挺好。但自从尼娅和丈夫威尔准备买第一套房后，问题就出现了。威尔没跟尼娅商量买房子的事，而是和他的母亲讨论。婆婆主动提出要帮他们付首付，接着就开始发表她的见解，比如房子买在哪里合适、要怎么装修等等。

她一厢情愿地给了很多建议，甚至插手尼娅与自己母亲、与前夫的儿子的关系。

尼娅和威尔为此事吵了起来，威尔似乎总是站在他母亲那边。因为尼娅和自己的母亲相处得不好，所以威尔认为她对他母亲有偏见，别人都觉得他母亲很正常。尼娅又伤心又失望，还很生气，她怀疑是不是真的是她的问题。是她偏颇、不讲道理、不够友好？

尼娅也不确定到底是谁的问题，于是找到了我。她说："我真是受够了每天为一个不和我们住在一起的人吵架。我爱我丈夫，但我不能忍受这样的生活，每次我们刚一和好，婆婆就又来干涉我们的生活。我希望威尔能出面解决这个问题，可他不肯。"

## 你可以自己决定与伴侣家人的亲近程度

很多人都觉得就算与伴侣的家人关系不健康也得维持，因为那是义务。事实上，你的伴侣和他的家人有血缘关系，而你和他们的关系不是这样的，你可以选择以怎样的方式与他们相处。你没有义务忍受不健康的人际关系，哪怕对方是你的公婆/岳父母，当然，你也不可能把他们塑造成你理想中的完美形象。当你不再期待婆婆成为你理想中的母亲形象时，你就能接受她本来的样子，并与她建立亲密融洽的关系。

想要与伴侣的家人和睦相处，你可以这样做：

- 经常问候
- 在需要的时候，找他们聊聊
- 尽量避免可能导致争吵的谈话
- 自己决定要在家庭聚会上待多久
- 自己决定是否要参加家庭聚会
- 考虑一下能否接受他们住在你家，或者你住在他们家

我不赞成用消极对抗的方式对待伴侣的家人，比如故意把他们排除在你们的小家庭之外。我只是建议，你要自己决定与伴侣家人关系的远近。伴侣的家庭不是你选择的家庭，而是婚姻带给你的家庭。你与伴侣家人的关系模式，是由你来决定的。对于有些人而言，最仁慈的做法就是和他们保持距离。你可以选择亲切，而不是亲密。

> 你可以选择亲切，而不是亲密。

## 努力接受现实

"伴侣的家人"包括来自你的伴侣原生家庭中的所有人。有些人期望公婆/岳父母能像亲生父母一样，或者期待姑嫂能像亲姐妹一样，这在现实中很难实现。降低期望才不会失望。你可以

有美好的期望，但也要做好准备面对现实。

问题：你的嫂子向你传播其他家庭成员的八卦。

应对方式：只分享你不介意和别人分享的那些事。

分享你的感受时要当心下面这几种人：

- 告诉你该如何感受
- 不重视你的感受
- 不会为你感到高兴
- 不会共情你的感受，只会劝你积极振作
- 心不在焉，不能用心倾听的人
- 似乎正被自己的问题困扰着
- 立刻就告诉你，你做错了什么
- 强迫你说你不愿意提到的事
- 迅速对你的性格下结论

问题：你的公公对孙子孙女不闻不问。

应对方式：

- 不为他的缺席找借口。

◎ 与其他能给孩子支持与帮助的人建立关系。

◎ 记住，支持你的人不一定是家人。

江山易改，本性难移。成年人的行为习惯基本已经定型，很难有大的改变。当你伴侣的家人按照自己习惯的方式做事时，你无须感到惊讶。

## 你进入的是一个存在已久的家庭

作为局外人，你与伴侣的家人可能会有不同的看法。与人相处时，你不要试图去改变别人，那只会造成伤害。你需要做的是努力学习和他们的相处方式，而不是立即改变他们。你觉得有问题的相处方式也许对他们而言并不是问题。

尼娅认为婆婆盛气凌人，可同样的行为在威尔看来却是一种关爱。也许尼娅应该说出她的需求，而不是让丈夫从她的角度看问题。

**例**：**婆婆想帮忙付首付，并告诉他们房子买在哪里合适。**

解决方案：尼娅和威尔可以列一份清单，弄清楚他们对未来的家有哪些需求。如果威尔提到他母亲的建议，尼娅可以让他以需求清单为参考，这样就不必讨论婆婆的建议。

例：婆婆想留孙子在她那里住一宿，可尼娅觉得孩子还太小。

解决方案：尼娅把自己的顾虑告诉威尔，并与丈夫商量孩子多大去奶奶家过夜比较合适。

来访者告诉我，伴侣的家人像下面这样做时，他们往往会发生矛盾：

- 与伴侣的前任还有联系
- 评判你、批评你
- 不尊重你的时间
- 养育方式有差异
- 明确告诉他们不能对孩子做什么，他们还是那样做
- 介入你与伴侣的争执
- 对你进行道德绑架，要求你对大家庭投入更多
- 不尊重你的隐私
- 与其他家庭人员一起说你的闲话
- 喧宾夺主
- 家人之间依赖共生、互相纠缠
- 抢风头
- 总是给你提一些你不需要的建议
- 给你提供帮助，但有附带条件或希望有控制权

这份清单并不详尽，但确实涵盖了与伴侣的家人相处的过程中常见的一些挑战。

## 如何应对常见问题

### 与伴侣的前任还有联系

你发现伴侣的家人还和你伴侣的前任保持联系，这让你觉得很不舒服。他们也许仍把前任视作"家庭的一员"。如果可能，让你的伴侣与家人聊聊这个问题。如果伴侣不愿意，那只能由你出面和他们进行一次尴尬的谈话。

以下做法会有帮助：

- 让他们知道，聊起前任会让你感到不舒服。
- 设定期望，告诉伴侣，你希望他/她与前任如何相处。
- 伴侣的家人与其他人如何相处是他们的事，你无法控制，但你可以让他们知道你的感受。

请记住，从孩子的角度来看，前任仍然是家人。为孩子着想，你应当允许他们保持健康的关系。有时，当你的伴侣与前任爆发争吵时，他/她的家人可以起到缓冲作用。

**评判你、批评你**

评判之所以会成为问题，是因为有人会口无遮拦，随便议论别人。比如，尼娅的婆婆总是责备她不孝顺自己的亲生母亲，翻来覆去地强调"你可只有这一个母亲"，这种观念可能适合多丽丝，但不适用于尼娅。

以下做法会有帮助：

- 接受伴侣的家人对于家庭关系持不同看法的事实，但你不必迎合他们的标准。

- 给伴侣的家人举一些例子，告诉他们这样说话就是在对你评头论足。"我妈妈对我很不好，我们之间没有那么亲密，您并不了解这些情况，只知道说我不孝顺她，您这样说话是武断的批评。"

- 只告诉伴侣的家人他们有必要知道的事，不必分享可能会被他们评判或批评的事。

**不尊重你的时间**

你的时间不属于你的公婆/岳父母。如果想让他们尊重你的时间，你必须改变他们安排你的时间的方式。

公婆："7月份咱们去趟海边，费用我们出。"

你可以选择拒绝。

公婆:"这是宝贝孙女的第一个圣诞节,我们等不及要送她一份大礼呢。"
你可以决定送给孩子礼物价格的上限。

公婆:"平安夜你们就住我们这里吧。"
你可以决定节假日如何安排。

这么做会有帮助:

- 尽早把你的假期安排告诉伴侣的家人。
- 如果伴侣的家人提出的假期出游计划对大家来说都很合适,那就可以同意。
- 在同意任何事之前,先与你的伴侣好好商量。

**养育方式有差异**

你的养育方式也许会让公婆不满,因为他们有自己习惯的方式。如果公婆向你说起你和他们养育方式不同或给你提建议,你可以坚持自己的主张。

你可以这么说:

- "我听说您的做法跟我不太一样。不过我更喜欢这样，希望您能尊重我。"
- "您在孩子面前纠正我的做法会损害我作为妈妈的权威。"
- "谢谢您的建议，不过我们的育儿方式不太一样。"
- "这是医生的建议，也是当前医学研究的结论。"

我们当然欢迎别人提建议，但如果对方所提供的信息不适合你，就不要理会。如果伴侣的家人不断提出不合理的建议，那就请他们停止。

你可以这么说：

- "我消化不了你们给的那么多建议。我有自己的想法。请别再告诉我该怎么做了。"
- "我知道你们做父母比我时间长，有需要时我会请你们帮助的。"
- "如果有问题，我会直接问您。"

伴侣的家人并不一定会认同你的养育方式，你们很可能会有一些分歧。你可以根据你的家庭需求，说出你的想法。另一方面，因他们的指责而心烦或是对他们的想法有顾虑也很正常。但只要你的养育方式适合你和你的家庭，就不要因他们而产生放弃的想法。

**明确告诉他们不能对孩子做什么，他们还是那样做**

哪怕明确地告诉伴侣的家人一些注意事项，他们也许还会我行我素。有次我听到一个婆婆说："这孩子是对坚果过敏，稍微让他吃一点花生也没关系吧。"保障孩子的人身安全是件大事，如果老人掉以轻心，父母必须保持警惕，不能放手让老人独自照顾孩子。

有些事根本没有商量的余地，有些事则可以互相商量。你需要和伴侣一起决定是能接受奶奶/外婆照顾孩子时给孩子吃更多糖，还是不能接受给孩子吃一点糖，因为那会极大地影响孩子的健康。有关孩子和家庭的规则应该由你和伴侣共同商议制定。即使有人不尊重你们的规则，也不要让步。

以下做法会有帮助：

- 当场（或事后及时）说清楚你的想法。"请别再给孩子吃这些东西了。""前几天您来的时候我已经告诉过您，不要＿＿＿＿，希望以后您＿＿＿＿。"
- 指出你的养育方式与他们的教育方式的差异。
- 提醒他们，你是为孩子的利益着想，你的做法对家庭最有利。

> 告诉他们，你希望他们与孩子好好相处，但前提是他们得尊重你的请求。

**介入你与伴侣的争执**

你的伴侣也许会向家人倾诉，所以伴侣的家人可能会过度干涉你们的家事。

**如何应对伴侣家人的自作主张**

- 尽量与伴侣达成共识。
- 直接说"我不希望您插手我们的关系"。
- 当伴侣家人试图介入时，提醒他们，你不希望他们干涉。
- 如果伴侣需要倾诉，鼓励他/她跟你一起接受夫妻治疗。

夫妻出现矛盾时，不能请有偏袒之心的人介入，那对夫妻关系、与伴侣家人的关系都不利。在你们的矛盾解决后，伴侣的家人也可能一直心存不满。所以，夫妻之间的问题最好自己解决。

◆ 夫妻之间的问题最好自己解决。

**对你进行道德绑架，要求你对大家庭投入更多**

核心家庭包括夫妻和孩子。优先考虑大家庭的需求，可能会对核心家庭不利。

每年夏天，蕾切尔都会组织全家去海边度假，包括家族中的二十几位亲戚。行程都是由她安排，这给她很大压力，而她一紧张就会对丈夫和两个孩子更不耐烦。

起初，她还兴致勃勃地召集大家商量日期、地点和活动，可后来她越来越感到厌烦。每次她说她打算退出，把这项工作交给别人来做时，婆婆就劝她，说她擅长做计划，大家也很依赖她。

总会有人对你进行道德绑架，但只要你是理智地做出决定，就不必感到内疚。

你可以这么说：

- "您好像对我的决定不太满意，但我都想清楚了。"
- "我和您的需求不一样。"
- "您是想让我不舒服吗？"
- "我不会让步的。"
- "您在触碰我的底线。"
- "就因为我跟您的想法不一样，您就这样指责我。"
- "我已经表明了我的态度，不会再改变主意了。"
- "我明白您的意思，但我还是不同意。"

**不尊重你的隐私**

如果你有些要分享的事,可以等准备好了再和家人说,不需要立刻就说,也没有规定所有事都必须先让家人知道。

比如,丹尼丝怀孕五个月才告诉嫂子。嫂子的反应是:"你怎么现在才告诉我们?"实际上,丹尼丝之前流产过两次,这是她第三次怀孕。之前她不想把流产的事情告诉别人,因为不仅要排解自己的悲伤情绪,还要面对别人的刨根问底,徒增烦恼。这次她拖了很久才说,是想等胎儿稳定了再跟家里人分享喜讯,免得又出意外,空欢喜一场。

有些人可能会对你何时分享或是否分享有自己的意见,你无法控制他们的反应,但你可以出于任何理由,选择不分享或者只分享一部分。有时,你不愿意说出来是因为你不想被人怜悯,也可能是因为你心理上还没准备好,或者此事与其他人无关。保护隐私并不是保守秘密,是合情合理的。

**与其他家庭成员一起说你的闲话**

把别人的隐私说出去、恶意地对别人评头论足、凭空捏造事实,都属于说闲话。说闲话是人们相互联系的常见方式,说闲话时,人们会未经许可就把信息散播出去,这种做法会损害人际关系。有些家庭内部的交流离不开说闲话,这样做未必健康。有时,人们说闲话是为了表示关心。说闲话的人会把话题从在场的人转移到不在场的人身上。

有人说你的闲话说明你们之间缺乏信任。你无法阻止别人说你的闲话,但你可以控制自己向别人透露信息。一旦发现家人没能保护好你的隐私,就不要再把你不希望外人知道的事告诉他们。如果发现家人捏造与你有关的信息,那你可以去找进一步散布错误信息的人,把真相告诉他们。

敞开心扉,让别人知道有人背着你说你闲话时你的感受:

- "我也想信任您,可您把我对您说的话全都告诉了别人,以后我很难再信任您。"
- "别再跟别人说我的事了,否则我以后什么都不告诉您。"
- "知道您在背后说我的坏话,我很难过。"

**如何拒绝在背后说人闲话**

- "我不想背着他们说这事。"
- "如果他们想让我知道,会主动告诉我的。"
- "这与我无关。"
- "我倒是想多听听您的近况。"
- "我没什么可说的。"
- "我不想参与。"

· "我感觉说这个不合适。"

**喧宾夺主**

有些人总是不自觉地把焦点转移到自己身上。即使是在你人生的重要时刻，比如你的婚礼或你的孩子出生，他们也会喧宾夺主。你得记住，他们天生就是这副"做派"。但接受这一点并不是说你要一再容忍。你可以提醒他们，这次的"主角"是你和你的伴侣，也可以预先告诉他们你的期望，如果他们越界，你可以再次提醒他们。

接受意味着你不会因为你的需求而期待别人改变。别人能察觉到你的期望，但就算察觉，他们也不一定能满足你的期望。如果你能接受别人本来的样子而不试图改变他们，那么他们也许可以退出你生活的某些方面，或者以另一种更适合他们的方式参与。

**家人之间依赖共生、互相纠缠**

依赖共生可能是你的伴侣家庭文化的一部分，你不可能迅速改变他们的关系。你可以告诉伴侣，哪些问题影响了你和家人，但你不能因为你不喜欢这样的家庭关系就要求他们改变，这种做法弊大于利。告诉伴侣应该如何与他/她的家人相处也许会有帮助,但如果关系中的双方都不觉得目前的相处模式有问题,那你不妨继续观察,必要时再干预。

你对人际关系的要求可能与伴侣不同。重要的是直接说出影响,而不一定要给他们贴上依赖共生的标签。

- "这个月的信用卡账单还没还清呢,要是你把钱借给你弟弟,那我们欠的账就还不上了。"
- "你妈妈每次来之前也不说一声,有点影响我们的生活秩序。"

**抢风头**

蒂娜婚礼之前带着婆婆和母亲去挑选礼服。蒂娜的母亲挑了一件漂亮的紫色礼服,跟伴娘的礼服很搭,而婆婆执意要买一件及膝白色礼服。蒂娜认为只有新娘才应该穿白色,可婆婆强调说她希望在婚礼上能引人注目,因为她是新郎的母亲。

我听说过很多婆婆掌控婚礼,或者某位亲戚在婚礼上抢了新郎新娘风头的事。遇到这种情况,建议你尽早把你的期望告诉对方,并让对方为自己的行为负责。

举例:

- "大家马上就要来给宝宝庆生,我知道有些朋友您不喜欢,但这种场合大家都要和和气气的才好。"

- "今天领奖的是我，我知道您很激动，但我演讲时请不要大呼小叫。"

**总是给你提一些你不需要的建议**

每个人都有自己的观点，如果不喜欢别人指手画脚，不妨直接告诉他们。也许在你的伴侣的家庭，各抒己见是家庭传统。

如果有家人自作主张给你提意见，你可以这么说：

- "谢谢您告诉我，不过我已经有办法了。"
- "这也许对您有用，但不太适合我。"
- "您别再告诉我该怎么做啦。"
- "我看您很想帮忙，不过您认真听我说就是最好的帮忙了。"
- "我想自己解决，不需要别人的意见。"
- "我知道您是好意，有些话我不太好意思说，但我真的不需要任何建议，有需要时我会问您的。"
- "我是在倾诉，不是在征求意见。"

**给你帮助，但有附带条件或希望有控制权**

夹杂着控制欲的帮助并不健康。如果伴侣的家人给你提供帮助后向你提要求，那么你应该意识到下次他们还可能这么做。

如果对方提供的帮助带有附加条件,不妨试试这么做:

- 寻求他人的支持。
- 让他们意识到这一点,并请他们不要再提要求。
- 请他们说清楚附加条件,然后决定是否接受帮助。
- 不再向他们寻求帮助。

与伴侣家人的相处之所以具有挑战性,是因为我们往往不会接受他们本来的样子并试图把他们改变成我们期待的样子。

*记住*:你可以先改变你与伴侣家人相处的方式,再重塑他们的行为。

### 练习

**拿出日记本或纸,回答下列提示性问题:**
1. 你与伴侣家人相处的过程中遇到了哪些大问题?
2. 要想改善关系,你可以改变自己的哪些行为?

第十六章

# 如何处理与重组家庭的关系

　　杰森很爱塔内莎，可继子凯勒布却处处跟他对着干，以至于杰森开始怀疑自己当初是不是不该结这个婚。他们总共有三个孩子，14岁的凯勒布和12岁的凯莉是塔内莎和前夫生的孩子，只有3岁的杰登是他们婚后生的孩子。凯莉说话做事彬彬有礼，很有分寸感，可凯勒布行为粗鲁，攻击性强。

　　杰森和塔内莎养育孩子的方式不同，塔内莎觉得杰森是第一次做爸爸，不如她有经验，所以从来不采纳他的建议。杰森常说："我是男人，我知道男孩子不能太宠着。"塔内莎并不赞成，她还是一如既往地宠溺儿子。

　　夫妻俩只是在养育孩子方面有矛盾，杰森不希望塔内莎用养育她前两个孩子的方式来养育他们的小儿子。

因为凯勒布的行为问题，杰森和家人聚会时经常不带上他。而且，杰森的家人显然更喜欢杰登，因为他们很少与凯勒布和凯莉接触。塔内莎一般让两个大孩子待在家里，一是因为她每次都看到杰森的家人和杰登更亲热，二是因为凯勒布和凯莉长大了，可以自己照顾自己了。

塔内莎总觉得她是在为"她的"孩子们争取公平。在内心深处，她知道杰森把"她的"孩子们视为负担，他也很难与他们沟通。她觉得她做的一切都是对的，比如和杰森关系确定后才把他介绍给孩子们认识，结婚后杰森才和他们住到一起，经常组织全家旅游度假，努力创造大家增进感情的机会。

前夫虽然没有像塔内莎期望的那样经常陪伴孩子，但他还是能提供经济上的支持。塔内莎最开始遇到杰森时，她就知道他会是孩子们的好爸爸，尤其是对凯勒布来说。两人谈恋爱的时候一切都很好，可自从杰登出生以后，凯勒布与杰森的关系就急转直下。塔内莎实在不想再夹在中间左右为难，她希望一家人能和睦相处。

**说话方式很重要**

在接待重组家庭的来访者的过程中，我很快就注意到他们描述家庭关系时所使用的措辞。他们经常使用拥有式语言（possessive language），比如"我儿子""我女儿""我的房子"，或是距离式语言（detached language），比如"她儿子""他儿子""他的房子"等等。用这两种语言，别人很快就能判断出我们与另一方的关系是紧密的还是疏离的。来访者不仅会在治疗过程中这么说，回到家后还是这么说，而说话方式会传递出他们的感受和看法。

比如，当你说"**她儿子**从来不倒垃圾，除非三番五次地提醒他"时，你实际上传递出的信息是"他不是我儿子，应该由他妈妈来管教他"。

再比如，当你说"只要你还没搬过来，这就是我的房子，还有，规则可不能说改就改"时，你实际上传递出的信息是"我不愿按照你希望的方式做调整"。

**融合式语言**（unity language）是指用"我们""我们的"来表达或者直呼名字。

### 融合式语言的例子

- "我们应该商量一下，怎么做才能鼓励他乐于助人，而不是盯着他的缺点不放。"
- "我们带孩子的方法不太一样，得把家里的规矩改改，融合我们两个人的育儿方法。"

养育是一项"团队运动"，而无论是亲生父母还是继父母，养育方式都可能有差异。学着理解自己的伴侣，灵活调整养育方式，这是解决夫妻分歧的最好办法。为什么市场上有那么多育儿书？因为亲子关系复杂而又具有挑战性。虽然我们知道很多做法不利于孩子成长，但没人知道最好的方法是怎样的。在与伴侣一起养育孩子时，重要的是记住，你的方式并不总是最好的。

我建议大家庭的成员之间也多使用融合式语言。也许家里有人会使用"你夫人的儿子"之类的说法，这时你可以通过强调"我们的儿子"来纠正对方。

## 先建立感情再引导孩子

作为亲生父母，会很享受与孩子在一起的亲子时光，所以，孩子更愿意由亲生父母而非继父母纠正自己的错误。要想与继子女建立融洽的关系，继父母需要先与他们建立感情，然后再定规矩、讲秩序。

要发展健康的关系，继父母必须言行一致，赢得孩子的信任、理解和尊重。我发现很多时候（太多时候）继父母都认为孩子本来就该尊重他们，因为他们是大人。事实并非如此。孩子会服从但不会表示尊重。孩子本就无法控制自己所处的环境，所以他们更不愿一上来就服从别人的安排。

既然成年人创造了新的家庭，把孩子置于新的家庭关系中，他们就应该承担起与继子女培养感情的责任。在重组家庭中，给予继子女支持就是给予伴侣支持。

西拉16岁的女儿塔姆被抑郁症折磨多年。西拉的丈夫诺埃尔认为塔姆很懒，需要有人多督促她。因为西拉不愿意给女儿压力，诺埃尔就总是督促塔姆做事。夫妻俩为此争论不休。诺埃尔不了解抑郁症，所以才觉得塔姆懒惰，他并不知道抑郁症会让人丧失对生活的热情和动力。他们进一步了解到抑郁症对青少年的影响后，决定带塔姆看医生，并商量好怎么一起支持孩子。

共情是重组家庭成功融合的核心要素。如果没有共情，继父母很容易觉得被孩子冒犯。共情能帮助继父母不带评判地与孩子相处。

## 先赞美后批评

没有人喜欢听别人说自己做得不好。如果想批评孩子，不妨先赞美孩子，这样批评听起来会不那么尖锐。

### 先赞美后批评的例子

- "马克斯很聪明。我打赌，要是你肯放手让他做更多的事，他一定能独立完成得很好。"
- "你在塔姆抑郁症的问题上处理得很好，我觉得我们一起带她去看心理医生会更有帮助。"
- "你跟儿子史蒂夫的关系真好。我感觉如果我们能心平气和地跟他聊聊他的行为，他一定会做得更好。"

- "塔比喜欢给自己设定期待和目标。如果我们告诉她接下来会发生什么、结果可能会怎样，她也许就不那么焦虑了。"

## 把继子女当作亲生子女看待

在继父母走入新家庭之前，原有家庭就已存在，所以这个家庭不可能在一夕之间发生重大改变。继父母与孩子建立关系需要时间。通常继父母无法在孩子婴儿期与其建立依恋关系，因为他们进入家庭的时间较晚。如果你能意识到这一点，了解孩子对爱的需要，并耐心地相互了解，你就能够与孩子建立安全型依恋关系。最佳策略就是朝着正确的方向小步前进。你可以参照以下方法。

### 不要把挫败感发泄到孩子身上

如果夫妻俩在养育问题上很难达成一致，那么千万不要把挫败感发泄到孩子身上。毕竟，孩子是被动地面对这个局面，而且大人决定的很多事并非他们所能控制的。所以，在这种情况下，大人要对自己的行为负责。天下没有完美的父母，所以，不小心说错话或者做了你觉得很后悔的事，请向孩子道歉。孩子尊重有担当的人，你这么做会让他们明白，大人并不完美，同时也能教会他们对自己的行为负责。

**不要表现出偏心**

凯尔大部分时间喜欢独自一人待着，可他和前妻生的两个儿子每隔一周来过周末时，他就会陪他们聊天、打篮球，带他们去饭店吃饭。丽萨的两个儿子已经发现了这一点，可凯尔还是对他们不理不睬。

一家人之间的接触、交流必不可少，忽视家人会伤害到对方，不利于积极关系的建立。即使孩子有亲生父母给予支持，他们与继父母的关系仍然重要，毕竟现在他们是与继父母在一起生活。忽视是不健康的，而爱的给予永远都不会过多。

**不要把养育的责任都推给伴侣**

养育是一项义务，就像其他家庭义务一样。决定与一个有孩子的人携手共度余生，意味着你们之间有了不言自明的约定——抚养孩子是你们共同的责任，虽然孩子的亲生父母也有监护责任。不要把孩子分为"你的""他们的"，这对家庭关系不利。

**做了所有努力，还是无法走进孩子的心该怎么办**

有时，继父母就算费尽心思、用尽全力还是无法走进孩子的心。也许孩子很难接受一个陌生人进入他们的生活。虽然孩子不会用言语来解释，但他们想知道继父母是否值得信任，是否真的关心他们。始终如一是关键。如果大人轻易放弃，孩子就会认为大人虚情假意，并不是真的想和他们建立感情。

如果无论如何努力都无法亲近孩子，那可能需要接受家庭治疗，通过专业手段找到症结所在并解决问题。

**难缠的前任**

即使不组建新家庭，前任也会给共同养育带来麻烦。你的伴侣也许很反感你的前任，因为他妨碍了你们家庭的正常运转。

遇到难缠的前任时，不妨试试以下方法：

- 肯定伴侣的感受，不要袒护你的前任。一个人行为有问题也许是因为他觉得很受伤。但即便如此，他也没理由妨碍你的生活。你可以跟伴侣说"我明白你为什么不开心"或者"我理解你不想跟他打交道"，以肯定伴侣的感受。
- 就算孩子的亲生父母有问题，也不要当着孩子面发表消极的、攻击性的言论。你与伴侣要团结一心，即使你（或者伴侣）的前任诋毁你，也不要在孩子面前发泄不满。
- 为了孩子考虑，你应该明确告诉前任，希望能和平相处。不要做出小气的事情。也许你想报复前任，但这只会让情况更糟。
- 如果前任纠缠不休，最好的办法是找调解机构或律师沟通，计划好下一步对策。

- 努力培养对前任的同理心，为了孩子，你永远都要和他/她保持联系。即使孩子长大成人，你们也会在庆祝活动上碰面或是以祖父母/外祖父母的身份出现在同一场合。尽量与对方和解，至少在心理上和解，因为你无法让对方从生活中消失。

**强迫孩子选择**

这样做并不好，也不公平，但有些父母仍然会强迫孩子选择立场。就算父母不说什么，孩子可能也会倾向于选择某一方，因为他们并不了解全部情况。父母应该鼓励孩子与所有相关方建立健康的关系，不要对继父母做出恶劣的行为。

父亲明确告诉约书亚，他母亲出轨后就抛弃了这个家。去看望母亲时，他对母亲出言不逊，因为他很生气，认为母亲毁了他们的家庭。

孩子往往无法理解大人的所作所为，让孩子知道一切对他们并没有什么好处。父母应该做的是集中精力帮助孩子处理父母分手给他们带来的感受，以及帮助他们面对今后不能与亲生父母住在一起的现实，尽快适应新的生活。

当孩子被选择父亲还是选择母亲困扰时，个人治疗和家庭治疗是非常有效的方法，可以帮助孩子在父母离婚后快速调整。此外，亲生父母和继父母必须注意，不要认为孩子是在针对自己，孩子的行为只能说明他们不懂得如何处理复杂的情况。

## 亲生父母不参与孩子的生活（既不陪伴也没有经济上的支持）

如果继父母为孩子做的比已经离开的亲生父母更多（准备饭菜、支付生活费、辅导功课等），那亲生父母也许会嫉恨，或者继父母会觉得自己的付出没有得到应有的尊重。

贝瑟妮将继女海莉视如己出，她之所以爱上现在的丈夫就是因为他特别喜欢他女儿。他是个好爸爸，拥有孩子的监护权。海莉的亲生母亲不会来观看女儿比赛，虽然她答应女儿夏天可以去她那里，每两周回来看女儿一次，节假日也会来看女儿，但她很少兑现承诺。贝瑟妮经常觉得自己为继女做了很多，但孩子并不领情。她一方面为海莉感到难过，一方面又很矛盾，她也为海莉的生母不愿意常来看孩子而生气。

孩子无法控制父母的行为。所以要注意，不能因为对伴侣的前任缺席感到不满就去抱怨孩子或伴侣。继子女也许现在不知道感恩，但等将来他们更成熟时，你的付出会得到他们的认可。

家庭治疗能让家庭成员更轻松地向新生活过渡。主动思考你应该如何应对新家庭的挑战。人们常常对问题视而不见，而这只会让问题变得更糟。

谈论"房间里的大象"时，你可以这样说：

- 对继子说:"我知道你爱你妈妈,你可能觉得爱我是对她的背叛。不过无论如何,我都爱你,其实你同时爱两个妈妈也没关系啊。"
- 对伴侣说:"我的孩子看得出,你对待他们与对待你的孩子不一样。我们聊聊吧,看看怎么对待他们才好。天底下没有绝对的公平,但也不能过于明显地偏心。"

我曾帮助许多重组家庭处理好关系。这些家庭的父母会有意识地建立健康的关系,并能坦然面对每一个家庭成员的诸多情绪和不适。

**练习**

拿出日记本或纸,回答下列提示性问题:
1. 你在重组家庭中遇到了哪些困难?
2. 你如何处理共同养育过程中的冲突?
3. 对于你的家庭的相处方式,你需要接受什么?

第十七章

## 翻开人生新篇章

家庭中的问题是不能说的秘密。人们通常为此而感到羞耻,所以会选择保守秘密、充耳不闻、视而不见。

有些朋友能坦诚说出与父母、兄弟姐妹等家庭成员的复杂关系,这让我感到慰藉。遗憾的是,很少有人有勇气说出真相、面对伤痛。

早在中学时代,我就在寻找那些有勇气对别人说"我父母感情破裂了""我已经很多年没见过我爸了"的人。只要有人用心倾听,孩子就会非常坦诚。我喜欢分享,也喜欢倾听,因为这两者都能治愈情感上的创伤。

我经常在社交媒体上看到人们粉饰生活,渐渐地他们相信那就是他们的真实生活。每到母亲节我就能看到很多人发布对母亲深深感恩的文章，还会配有与母亲的温馨合照。有些人也许是发自内心的真诚分享，而有些人却可能是在这样的气氛烘托下，随大流。其实，发布这种虚假的"深情"信息毫无必要。看到别人的母子关系就是你理想中的样子确实令人痛苦，但从长远来看，欺骗自己、欺骗全世界会更痛苦。

如果你与某个家人不和，而你又必须在节日或生日的时候给他送上祝福，这个时候，你的心情一定是很复杂的，因为你们是家人，血脉相连，但在情感上又早已疏离，彼此心存芥蒂。如果你不愿意去面对这种关系的复杂性，那么你在每次需要发送祝福时，都会再一次陷入矛盾心情。很少有人会谈到给关系不和的父母发送祝福有多难。祝福只适合健康的人际关系，它会让你意识到你与某人的关系实际上是存在问题的，会让你很难过。

最初在社交媒体上公开讨论有毒家庭时，我真没想到很多人会在我这里找到共鸣。我的很多帖子都是以"如果你的原生家庭机能不全……"这样的句式开头。帖子里讲述的都是真实的故事和经历，关于如何相处、接纳、修复、重生。有些人很勇敢，他们给文章点赞，并收藏和分享给其他人。网友们给我发来信息，说我的文章帮助他们做出了改变，而在这之前他们并未意识到自己需要改变。有个网友说她把我的文章转发给母亲后，她与母亲深谈了一次，从而改善了她们之间的关系。当然，也有不友好的声音。我不得不删除一些人的评论，他们对别人出言不逊，只是因为别人认识到自己的人际关系不健康并果断结束那段关系。

对于没有在有毒家庭生活过的人来说，理解别人的选择有时会很困难。这些人没有对比、参照，所以我们很难说服他们理解我们。那就各自保留意见吧。你不可能总能说服别人，也没有这个必要。放下必须达成一致意见的念头会让你心态平和。你所选择的与家人相处的方式也许与其他人选择的并不相同。不必分出高下对错，接受它们的不同即可。

羞耻感会让我们保持沉默。我们需要更多的人勇于谈论自己的家庭，并把它作为积极培养与家人感情的手段。有人告诉过我："没人知道我父亲出轨，我觉得很丢人，所以没对任何人说过这件事。"这个人在与人交往时经常觉得很孤独，因为他生命中一个重要的问题被他隐藏起来了，无人知晓，也就得不到倾听和释放。他展现在人前的都是经过虚构加工的版本。

只要有一个人勇于说出真相，就会有许多人发现和他有类似的经历，所以，我们都不孤单。

如果你的家庭机能不全，那么选择疏远家人意味着你也许会错过家庭的重大活动。想必你已经领悟到，同样的结局会一次又一次地上演，而你不想卷入其中。家人往往很难理解你只求过平静生活的渴望。他们已经习惯了这种相处方式，还没意识到自己有能力改变。

如果情况没有好转，我们必须选择对自己最有益的方式。想要最终能坦然自若地做出这样艰难的选择，我们需要练习。

下面这篇文章是我想对一位家庭成员说的话，他为家庭中的问题找各种借口，并且贬低我为打破家庭恶性循环所做的努力。这些话我最后没对家人说，因为我早就说过了。

## 跟我读

"我不再是那个有毒家庭中的孩子。现在我是成年人，有能力做出健康的选择，设定界限，创造自己的生活。不能因为小时候没人教我，我就继续无知。我不会再拿'我父母没教过我……'作为自己不思进取的借口。我可以通过阅读、虚心学习、保持好奇心以及与心智健康的人交流等方式自学。我可以在老师、榜样、长辈或心理方面的专业人士那里找到支持。就算没人教过我，我也可以学，比如如何建立健康的人际关系、如何感受、如何照顾自己、如何做到坚定自信、如何以健康的方式处理问题。"

做出改变并不容易，但并非不可能。十年前，我把自己想要打破的代际模式都写在日记里。如果我们不主动选择改变，人们就会一成不变。我们不能仅仅期待别人改变。改变离不开形成新的习惯与传统，同时建立健康的支持系统。

与不同的人相处情况不可能完全相同，所以解决方案也不能一刀切。在某些情况下，你也许会选择切断联系，而有些时候，你也许会选择继续相处，同时保持健康的界限。你有你自己的节奏，不必按照别人的节奏进行，无论是我的、你的伴侣的还是治疗师的节奏。你要接受你自己做的决定，包括那些非常艰难的决定。

无论什么时候需要，你都可以重温这本书，相信我，你需要它一次又一次地提醒你，要建立能让你心理健康的人际关系。你想要在家中看到什么改变，就要自己先去改变。你唯一能做到的就是改变自己。转换视角、调整期望、设定界限、建立支持系统、照顾好自己，它们能让你从一切不可控中获得自由。

> 你想要在家中看到什么改变，就要自己先去改变。

## 常见问题

***母亲自始至终没有改变,但我还是和她保持关系,这是在纵容她吗?***

父母与子女的关系是一种独特的情感连接,即使父母没改变,很多子女也会继续保持关系。这不是纵容,而是因为你对父母抱有期望。

判断你是否在纵容父母的依据是你与父母相处时的行为。你是否支持他们伤害自己或他人?你是否忽视或淡化应该解决的问题行为?如果没有,那么你只是在维持关系,同时期望对方能有所改变。

**思考**:结束关系并不是必选项,而是一种选择,你可以选择与母亲继续保持关系。

**父母都80岁了还酗酒。我很生气。我能告诉他们吗？**

当然能。他们酗酒你是怎样的感受？这给你的生活带来了怎样的影响？你完全可以把这些告诉父母，这样你会感觉如释重负。如果你期望说出来能改变他们，那么在谈话中要直接说明你的期望，同时也要明白，戒不戒酒是父母自己的选择。对他们来说，戒酒可不是容易事。

匿名戒酒者协会（Al-Anon）是一个在世界各地都有分会的组织，通过这个组织，你可以在其他酗酒者的成年子女那里找到支持。你可以学着更好地照顾自己。你可以向该组织寻求支持，也可以寻求心理医生的帮助。

思考：多关注心理健康，才能更好地照顾自己。

**小时候父亲（在言语上、精神上、身体上）虐待我。他辩解说他觉得这么做没什么不对。他想跟我的孩子亲近，我要怎么做才能保护孩子不被他虐待？目前他跟孩子接触的机会并不多。**

如果一个人不愿意改变，那你会很难决定如何与他相处，如果他试图为自己的虐待行为找借口，那么安全就成了最要紧的事。你没有安全感，也无法确定你的孩子是否会安全。作为父母，你的职责是尽你所能地保护孩子。

思考：根据你对父亲的了解，目前让他远离孩子似乎是最保险的选择。

**我希望母亲能得到心理方面的帮助。怎么才能说服她去看心理医生？**

知道治疗能让所爱的人有所好转却还要看着他们受折磨，这种感觉很痛苦。但如果别人不想去看心理医生，你再怎么劝说也没用。而且，如果你母亲是被迫接受治疗，那么治疗也许给不了她需要的支持。

说实话，一个人就算主动寻求治疗，也很难彻底敞开心扉。不能只是因为你有意愿，就认为别人也准备好了。

**思考**：尽管母亲有心理问题，但根据她目前的行为，你还能和她建立什么样的关系？

**婆婆和小姑子都很虚伪。我必须和她们保持关系吗？**

你不必与伴侣的家人走得很近，只要能彼此和气相处就行。控制好自己的行为。比如，你不必主动找话题，也不必邀请她们参加你的生日派对等私人活动。

**思考**：你想与虚伪的人继续相处下去吗？

**我的伴侣跟家人都断绝了关系，我该怎么做？**

给伴侣支持，询问他需要什么，当他倾诉与家人疏远的感受时，用心去听。他与家人朝夕相处多年，你作为局外人也许无法理解一切。

即使家人做出了改变，你的伴侣也可能不想与他们再有来往。就算你的伴侣与你的选择不同，你也可以支持他。有时，我们能做的只是尊重别人的决定，即使我们不理解别人为什么这么做。

**思考**：家庭相处方式的变化对你和伴侣的关系有怎样的影响？

### 继女谎话连篇，我丈夫也不管教她，我们经常为这事吵架。要怎么做才能就管教孩子的问题达成一致？

你们俩都有进步的空间。你需要试着去理解、共情继女，而你的丈夫则需要解决孩子撒谎的问题。必须弄清楚孩子为什么不诚实（对她来说，撒谎有什么好处），而且要让孩子知道，无论如何，你都爱她。不仅仅是孩子，人都有不诚实的时候。有些人经常说谎是因为这样他们就不用面对不好的后果。在许多家庭中，父母对如何管教孩子意见并不一致。在与继女建立更健康的关系之前，请以爱和共情为先导，将管教这件事留给丈夫去做。

**思考**：你的继女正试图通过撒谎传递出信息。她想说什么？

### 父亲不赞同我的生活方式，我该怎么办？

要是父母能认同我们的一切选择，那该多好啊，但他们多半不会如此。你父亲的初衷也许是希望你快乐。可问题在于，如果你快乐，你势必会做一些他不赞同的事。你可以跟父亲聊聊，就算他不赞同你的活法，他也可以尊重你的选择。

**思考**：你是成年人，有权做出自己的选择。

### *我母亲整天给我发信息，导致我们关系非常紧张。我该怎么做？*

你母亲知道你对这种相处方式的感受吗？你告诉过她别总给你发信息吗？你回她的信息吗？也许你让母亲误以为你很乐意跟她发信息聊天。你想让母亲知道她经常给你发信息让你很烦扰，但她似乎没意识到这一点。你可以温和地请求她不要总给你发信息，因为这让你感到焦虑，这个小小的举动也许很管用。也许它会引发一场有意义的对话，无论如何，它都能让你母亲意识到你的诉求。

**思考**：你母亲试图与你建立的是她渴望的那种母女关系，而不是你渴望的。

# 致　谢

　　成千上万的人给我发私信、邮件，给我社交媒体上的文章点赞，说我写的那些有关有毒家庭的文章让他们觉得自己被看见，觉得自己在这个推崇理想家庭的社会中不再孤单。幸福家庭可以说是随处可见，无论是在电视、杂志还是在社交媒体上。如果你的家庭机能不全，你很容易就会认为世上只有你如此不幸。但事实并非如此。我与部分亲戚的关系不和，但和朋友及一些家人的健康关系给了我很多慰藉，所以我开始说出自己的真实感受。我想对那些有缘看到这本书的读者表示感谢，感谢你们有足够的勇气一直读下去，我希望你们能从这本书中找到适合自己的东西并产生共鸣。

　　我还要感谢我的丈夫，我的书得到了大家的喜爱，这给我们的生活带来巨大变化，是你主动调整，为我和我的梦想创造更多机会。谢谢你鼓励我更多地投身于我的事业，并与我一起前进。感谢我的女儿们，我打破了我原生家庭的循环模式，希望这能对你们的人生产生深远影响。成为母亲是我打破循环的最大动力，我不仅希望自己能过得更好，也希望我的家人能过得更好。谢谢我的父母给我"打广告"——逢人便宣传我。有些人虽然我从未谋面也不可能谋面，但他们知道我，并为我感到骄傲，这些都是因为我父母的热心分享。

我要感谢我自己选择的家人（朋友），你们的陪伴拯救了我，在这之前，我并不知道我需要陪伴。我与挚友就像姐妹，这是因为我们有着深刻而真挚的感情。老邻居达内尔就像我叔叔，一直把我当亲侄女一样，耐心地教我学开车，在我成长的阶段给予我支持。

感谢我的经纪人劳拉·李·马丁利，自从《界限》一书出版以来，我们一直讨论，不断有新的想法。你帮助我思考并发掘了我最好的作品。你非常专业，在此由衷地向你说声谢谢。玛丽安·莉齐，你是最好相处的编辑，就连提修改意见都很友善、周到。你信任我的专业技能，让我知道直接从专业经验出发写作的重要性。感谢玛丽安的团队成员——美术设计杰斯·莫普休和编辑助理娜塔莎·索托在本书的创作过程中给我的指导。感谢负责本书的企鹅兰登书屋编辑团队，包括罗谢·安德森、玛莲娜·布朗、萨拉·约翰逊、林赛·戈登和卡拉·伊诺内，你们为本书的营销工作付出了大量心力，大力支持我的写作项目。感谢布兰妮·欧文，你读了本书初稿并给了我很具有建设性的反馈。有了你的帮助，我的日程才能安排得井井有条，你还给我提了很多宝贵的建议。谢谢你，肖恩茜·里德，这本书从无到有离不开你的帮助，在你加入之前，我们不知道该做些什么，而现在大家都找到了方向。

写这本书也是在敦促我对自己的情绪和行为负责。多年来，心理治疗一直是我倾诉情感的良好渠道，也是很好的自我关怀的方式。在治疗过程中，我的治疗师会问我："你为什么要与这个人继续来往？"这个问题让我意识到，我不得不承认，在不健康的家庭关系中，我并没有准备好放弃或改变自己的角色。感谢我的治疗师，感谢你在我努力做出艰难而必要的改变时的耐心陪伴。